办公空间设计

主　编　陈伟华
副主编　严昉菡　王列平

上海交通大學出版社
SHANGHAI JIAO TONG UNIVERSITY PRESS

内容提要

本书共分为 8 章，第 1 至第 3 章介绍了办公空间的发展历史、功能构成以及设计基础等，帮助学生们掌握基础知识；第 4 至 7 章介绍了办公空间的设计方法、流程及常用的空间尺度，使学生们初步掌握办公空间设计能力；第 8 章介绍了当下办公空间发展的趋势，帮助学生们了解当下办公空间设计的需求，从而更好地服务于市场。本书采用了实际项目案例，让初次接触办公空间设计的学生对办公环境有初步了解，通过实例及照片让学生们更直观地了解办公空间设计。

本书适合高职院校环境艺术设计专业学生阅读使用，可让其在较短的时间内快速掌握办公空间的基本设计方法。

图书在版编目(CIP)数据

办公空间设计 / 陈伟华主编；严昉菡，王列平副主编．—上海：上海交通大学出版社，2024.7
ISBN 978-7-313-30073-7

Ⅰ．①办… Ⅱ．①陈… ②严… ③王… Ⅲ．①办公室—室内装饰设计 Ⅳ．① TU243

中国国家版本馆 CIP 数据核字（2024）第 056388 号

办公空间设计
BANGONG KONGJIAN SHEJI

主　　编：陈伟华　　副 主 编：严昉菡　王列平
出版发行：上海交通大学出版社　　地　　址：上海市番禺路 951 号
邮政编码：200030　　电　　话：021-64071208
印　　制：上海景条印刷有限公司　　经　　销：全国新华书店
开　　本：889mm × 1194mm 1/16　　印　　张：10.5
字　　数：238 千字
版　　次：2024 年 7 月第 1 版　　印　　次：2024 年 7 月第 1 次印刷
书　　号：ISBN 978-7-313-30073-7
定　　价：98.00 元

前 言

在编写这本教材之前，笔者一直在思考："办公空间设计"课程应该教些什么？什么样的教材更适合学生？怎样让学生通过学习这门课，更好、更快地从事办公空间设计的实际项目？基于以上问题，结合多年的项目操作经验与教学经验，笔者尝试写这本教材，希望能给相关专业的学生一些指导与建议。本教材由上海工艺美术职业学院资助出版。

关于办公空间设计，已有不少相关教材与书籍，并在很多方面达成了共识，如在办公空间的功能需求、色彩搭配、材料的应用等方面；但在设计的流程、方法、细节上还存在很多差异，这也是设计的魅力之一。个人认为，国外相关书籍相对"博"一些，例如：书中会对客户交流、空间设计基础、市场、法规等多方面进行探讨。国内这方面的书籍与教材相对"专"一些，例如：在分类、材料、色彩、构造工艺、设计流程等方面会有更深入的研究。

时代在发展，办公条件越来越优越，办公空间的功能越来越综合，大家对办公环境的要求也在逐步提升。从市场角度来说，办公空间设计有了更多的机遇与挑战。随着科学技术的发展，我们的设计在遵循经验的基础上，也会有诸多挑战。在材料技术、通信技术、人工智能等领域，新的发明正在不断出现，"与时俱进"不再是一句口号，而是切实需要融入我们的设计中。

做设计是一件开心的事，不仅仅能带来成就感，过程中也充满挑战。让我们带着激情去做好每一个项目，忘记设计制图的烦冗。为人们创造一个舒适、便捷、美观的生活、工作环境是我们设计师的职责与使命！

编者

2023.7.10

目 录

第一章

办公空间概述

第一节　办公空间的概念

一、办公空间的概念

办公业务是指党政机关、人民团体办理行政事务或企事业单位从事生产经营与管理的活动，以信息处理、研究决策和组织管理为主要工作方式。为上述业务活动提供所需的场所统称为办公空间。

办公空间设计是对办公空间进行功能布局、设施保障、环境优化、空间美化的过程。办公空间设计需要考虑多方面的问题，涉及科学、技术、人文、艺术等诸多因素。

二、办公空间设计的目的

办公空间设计的目的就是要为工作人员创造一个舒适、方便、卫生、安全、高效的工作环境，以便更大限度地提高员工的工作效率和工作热情，同时展示单位和企业的社会形象。这一目标在当前商业竞争日益激烈的情况下显得更加重要，它是办公空间设计的基础，也是办公空间设计的首要目标。随着审美和流行趋势的变化，以及对人文环境的关注，最前沿的色彩和元素在办公空间的设计上都会及时得到体现和应用。其中“舒适”涉及建筑声学、建筑光学、建筑热工学、环境心理学、人类工效学等学科方面的内容；“方便”涉及功能流线分析、人体工程学等方面的内容；“卫生”涉及绿色材料、卫生学、给排水工程等方面的内容；“安全”则涉及建筑防灾、装饰构造等方面的内容；“高效”涉及功能空间分布、企业运作模式、企业文化等方面的内容。

办公空间设计在满足设计规范的基础上，要充分体现办公空间的功能价值、经济价值、美学价值、人文价值和生态价值。

三、办公空间的特点

办公空间具有不同于居住空间的特点。居住空间主要使用者为家庭成员或同事、同学，是以生活为主要活动的私密空间，而办公空间的使用者会涉及办公人员、服务人员及访客。办公空间是以办公为主要活动的相对开放的公共空间，它的特点主要体现在以下几个方面：

（1）人员集中。在办公空间内，除在此上班的管理人员及普通员工外，还包含客户、供应商、第三方服务人员等，人员构成相比居住空间更为多样，人员数量也更为庞大。

（2）流动性大。办公空间中，内部工作人员的活动、外部访客及服务人员的活动以及各种办公用品及生活用品的物流配送都在此发生，因此，人员与物品均有较大的流动性。

（3）空间开放。办公空间的使用对象和居住空间截然不同，居住空间属于私密空间，办公空间属于公共空间，其开放程度也截然不同。

（4）功能综合。办公空间除满足正常的业务开展需求（如办公、会议、资料查询等）外，还需考虑日常的生活需求（如餐饮、如厕等）及配套功能需求，在设计时需综合考虑各功能区块间的联系及面积配比。

（5）设备复杂。与居住空间一样，办公空间需考虑水、电、暖通等设备安装，其设备所占空间更大、走线及安装更为复杂。例如，空调安装时，在选择中央空调、VRV 空调系统（Variable Refrigerant Volume）、壁挂式空调等类型时需考虑空间的大小、公司运营的模式、外机安装的位置等问题，还需考虑空调位置与其他设备的走线是否冲突、出风口是否影响灯具安装与消防设备安装等。因此，办公空间作为公共空间，设计师在设计思考时考虑的问题更为复杂、综合。

四、办公空间的功能组成

办公业务是办公空间的重要功能属性。办公功能以单一功能属性的方式出现在办公建筑中，也可与其他属性的功能相融合。当办公功能作为其他功能属性建筑（如金融、司法、广播电视建筑等）的配属功能时，其用房配置和组织管理方式的确定应结合主导业务的需求综合判定。

办公空间一般由办公用房、公共用房、服务用房和设备用房四个部分组成（见图 1–1）。其中，办公用房是办公人员开展日常工作所需要的空间，包括普通办公室和专业办公室，专业办公室可包括研究工作室和手工绘图室等。办公用房可设计成单间式办公室、开放式办公室或半开放式办公室。公共用房是内部办公人员与访客及服务人员可共同使用的空间，公共用房一般包括会议室、对外办事厅、接待室、陈列室、公用厕所、开水间、健身场所等。服务用房包括一般性服务用房和技术性服务用房，一般性服务用房为档案室、资料室、图书阅览室、员工更衣室、汽车库、非机动车库、员工餐厅、厨房、卫生管理设施间、快递储物间等。技术性服务用房为消防控制室、电信运营商机房、电子信息机房、打印机房、晒图室等。设备用房包括动力机房、变配电间、弱电设备用房、空调机房等。

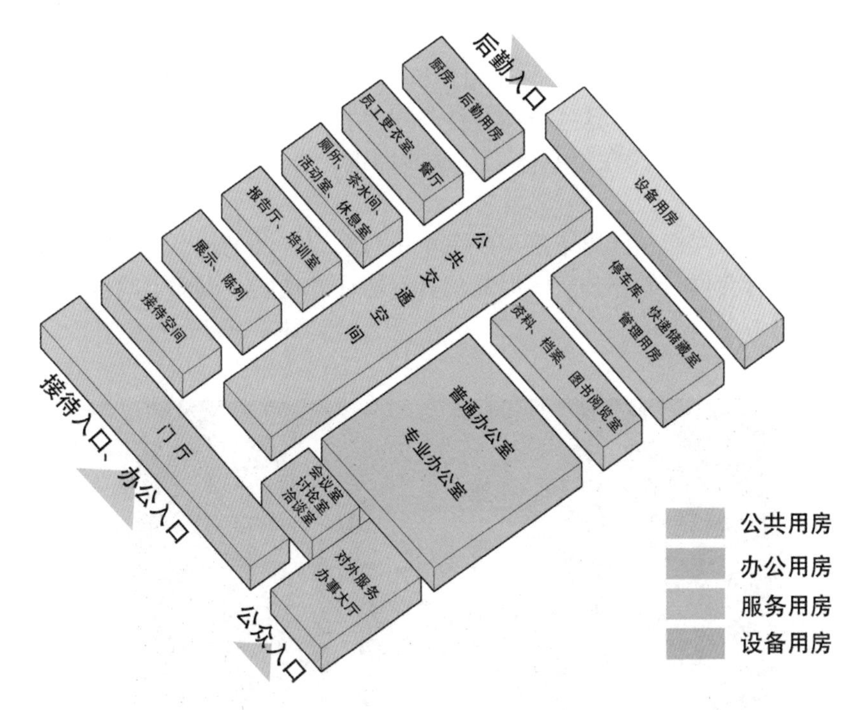

图 1-1 办公功能关系示意图

注：办公功能空间的种类和数量应根据项目的类型、使用需求和建设标准合理确定。

第二节　办公空间的历史沿革

一、农业经济时代的办公空间

战国《周礼·考工记》中记载："匠人营国，方九里，旁三门。国中九经九纬，经涂九轨，左祖右社，面朝后市，市朝一夫。"即建造一座九里的都城，每边开三个门。城中纵横各九条道路，路宽可供九辆车并行。王宫左边是祖庙，右边是社稷，前面是朝堂，后面是市场，各占地百亩。所谓面朝（前朝），是指宫殿的前面是百官议政的朝堂，也即皇帝处理公务的地方。

人类社会从部落出现后，就开始慢慢形成原始的办公空间。最早期的办公行为作为一种非独立性分工，融合在谋求生存的经济活动之中，具有办公意义的活动总是和生活活动场所相统一。在中国传统的农业社会里，从远古到 18 世纪初基本上是以家庭为单位的个体农业作为社会生产的基础，一切产品几乎都是由家庭自行生产，整个社会的物质需求都通过家庭生产来满足。这时的住宅既是生活场所，也是工作场所。随着经济技术的持续进步，办公方式由简单到复杂，由单一到多元，作为办公活动载体的办公空间也随之不断地调整。

中国古代的衙署是统治阶层办公的专用建筑。“殿”即皇帝办公的场所（见图 1–2），“厅”“堂”即官员办公的场所，这些场所往往与居室紧密结合在一起。帝王官员们在殿及厅堂议事，在书房处理文件，在寝室休息，这些即现代办公空间中的会议、办公和休息活动。

在早期的欧洲，贵族们在起居室甚至卧室里举行会议，讨论政事。随着工商业行会的兴起，出现了专供行会集会的办公室，但其仍具有居住的功能，内部空间也基本上是对起居室的模仿（见图 1–3）。

图 1–2　故宫太和殿

图 1–3　圣彼得堡冬宫

农业经济时代的办公空间，无论中外，都与生活空间紧密联系，并表现出相对封闭的状态。

二、工业经济时代的办公空间

在 18 世纪 60 年代，发生了以蒸汽技术为标志的工业革命，揭开了人类文明史上新的一页，工业化生产取代了传统的手工艺劳动，工业经济开始取代农业经济成为社会发展的主要支柱和推动力量。随着资本主义的进一步发展，庞大的工业需要繁杂的管理程序来完成，现代意义的管理随之产生。科学管理之父弗雷德里克·温斯洛·泰勒（Frederick Winslow Taylor）提出的科学管理理论将工业生产体系的管理纳入了职业管理模式之后，办公环境产生了本质的变化。工业革命彻底改变了人们在办公空间的行为模式，“管理革命”使得办公人员在 20 世纪初期剧增。办公室从以前小型的居住建筑变成了“白领工厂”，楼层平面布局灵活，无个性特征。此时的办公空间会议厅和总裁办公室的空间装饰多是跟随当时流行的室内设计潮流——新古典主义风格，而职员的办公室从平面设计上看与工厂很像，这是为了方便对员工进行管理及监督。

美国最有影响力的办公空间设计师是弗兰克·劳埃德·赖特（Frank Lloyd Wright），他在 1904 年设计的拉金大厦（Larkin Building）（见图 1-4）是早期的大开放办公空间的标志，其规模、布局和技术标志着现代办公建筑设计风格的形成。员工们在开放的办公大厅内处理大量的文件。为了把自然光线与新鲜的空气引入建筑，室内配备原始形式的空调设备和天窗。

20 世纪 20 年代，弗雷德里克·温斯洛·泰勒创造了一套测定时间和研究动作的工作

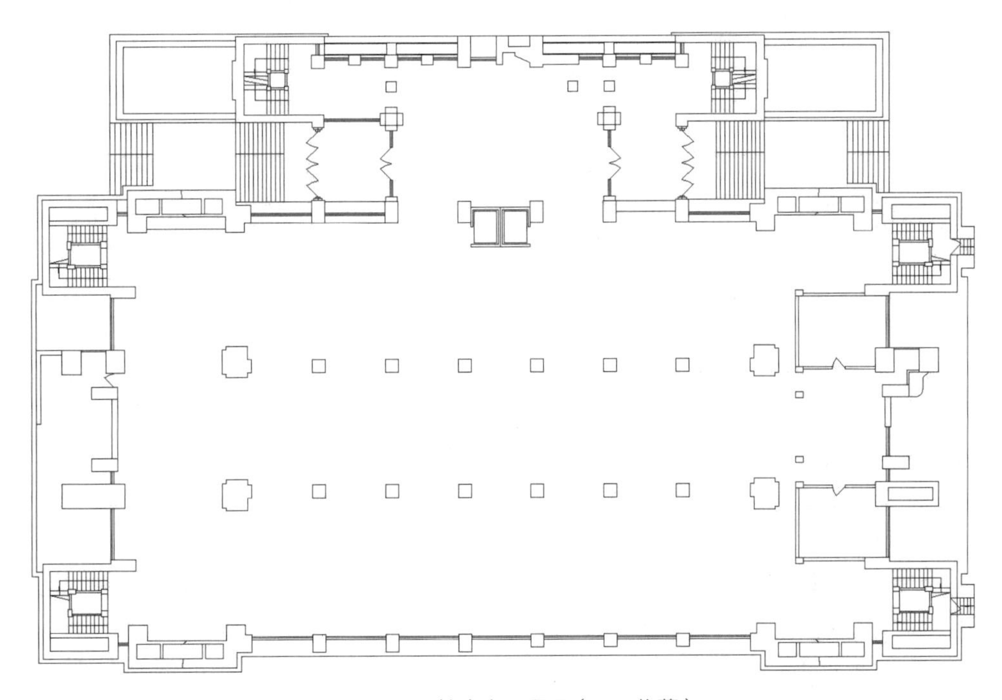

图 1-4　拉金大厦平面（cad 临摹）

方法，称为泰勒制（Taylor system），泰勒制的应用使“办公室成为生产的机器”的想法变为现实。泰勒的想法发展成大面积开放楼层空间的概念，并被引入到办公建筑设计。空间内整齐排列着朝向监督管理者的办公桌，只有经理才用小间且有窗的办公室，这样便于对职员进行监督。

三、二战后办公空间的发展

二战后，办公空间随着城市重建、人口膨胀、经济发展而迅速发展，同时由于战后物质缺乏，设计都遵循简洁、实用、耐用的原则，减少花哨的装饰。在20世纪50年代，出现了一种崭新的办公形式，这就是玻璃幕墙的高层建筑。20世纪30年代空调的引入与40年代荧光灯的引入，使得这些玻璃盒子式的办公建筑的进深不再受采光和自然通风的限制，这样就可以创造出具有大进深和开放空间的办公空间。尤为重要的是，这些办公楼层的经济价值比美学价值更重要。大多数的室内空间都按照职员在公司的地位而加以标准化或系列化，空间单元的大小用来反映企业的等级制度，并且可以随着职位的改变重新组合。对于员工来说，他们仍只是在开放空间办公，只有上级才能使用周边都是玻璃的房间，以便看到外面的景致。

由史基摩欧文美尔建筑设计有限公司（Skidmore，Owings and Merrill，下文简称SOM公司）设计的联合碳化公司大楼（union carbride building）是这一阶段办公空间设计的典范。建筑外部的玻璃幕墙结构结合建筑内部的空调系统和人工照明创造了进深较大且简洁舒适的办公空间。建筑的窗格、发亮的塑料天花板、金属隔断、文件柜和桌子均统一在76.2cm的模数上，从而实现了模数化、系列化和可变化。它的技术革新之一是发明了将照明与空调相结合的吊顶，满足了业主的要求——无论内部空间的布局如何调整，都能通过灵活的吊顶设计来确保各项功能得到妥善的处理和优化。

20世纪60年代，经济快速持续发展，社会物质财富急剧增加。白领文化阶层的形成对办公环境改善产生了巨大的推动作用，人们对设计的要求更加苛刻，不仅要满足人的生理需求，而且要满足人的心理需求。设计不仅要实用，而且要赋予更多审美的、情感的、文化的、精神的含义。20世纪60年代，欧洲取代美国成为办公设计的先锋。德国咨询团体魁北克伯纳小组（quiekborner team）认为传统的办公空间已经不能满足现代工作的需要，因而提出了一种新型的办公概念——“景观式办公空间”。

首先，它强调交往的重要性，强调在工作时人际关系的重要性，强调职员相互从属的感觉，建议以情报的权威体系取代阶级的权威，避免组织冲突，提高工作质量。交换信息的次序不再限制为垂直向下式即从老板到员工的次序，而是遵循提高能动性的设计思路，忽视部门或等级的障碍。

第二，它强调适应性的必要。办公建筑应适应组织机构的快速变化，避免过于干扰正在进行的活动。

第三，它强调信息技术日益增长的重要性，预言计算机将取代办公室的日常工作。用这种方式布置的特征是拥有相对复杂、开放的大空间。与过去传统的开放空间相比，这种办公空间内的家具不是按照几何式的直线布置，而是采用了自由灵活的摆放方式。因此，反映在办公空间的设计上，他们让所有的人包括高级主管都坐在一个开放的办公室里，不管建筑的几何性，而是按照交通动线来设计，这样传统的办公布置被取消，档案放在距离较远的档案间，只留下常用的档案放在办公室的小推车上。家具被随意地分组，并用屏风来隔断，用绿化来点缀，以此强调人与人接触的平等、自由，方便交往，强调发挥个人的独立性和主观能动性。

20 世纪 70 年代，由石油危机引起的经济衰退降低了景观式办公空间受欢迎的程度，建筑师们开始试验各种新型办公空间。在瑞典，由于办公室内的温度变化令人不适、湿度低、噪音大、自然采光差、缺少与室内的视觉联系以及通风不好等，员工们不喜欢景观式办公空间。除了这些主要问题外，景观式办公空间也可能与当时的办公室文化产生冲突。70 年代末，当各企业引入隔间办公观念时，未能将办公设计与员工的生产效率挂起钩来。采用隔间原本是为了增进交流，结果却适得其反，员工变得很在乎私人空间。这样，“单元化办公室”（cellular offices）首先在瑞典出现，每个员工都有自己的办公空间，可以实现个性化调节。1974 年，新建筑委员会建议采用单元化办公，所有员工都有单人间。单元化和标准化使员工人均使用面积增加。结构主义的代表建筑师赫曼·赫茨伯格（Herman Hertzberger）在 1972 年设计的荷兰中央保险大厦则进行了另一种实践，创造了家庭式的办公氛围。整个建筑和室内空间的架构是由一个个面积和形式一致的正方形“细胞单元”组成。每个单元和相邻的单元以走道连通。这些单元的本身以半开敞的矮隔断和矮墙相区隔，这样每一个单元内的工作组既保证了独立性，又增加了组和组之间的沟通。当时最富有革新意义的英国开放式布局是诺曼·福斯特（Norman Foster）设计的威利斯·费伯和杜马斯保险公司（Willis Faber & Dumas）总部办公楼。它的技术创新之一是将地面架起，内挖线槽，虽然当时可见的办公设备只有打字机和电话，但设计师似乎已经在迎接信息时代的到来。

20 世纪 80 年代，商业经济随着能源危机的结束而复苏。在经济增长的驱动下，办公方式和办公空间得到进一步发展。早期有着庞大身躯的计算机只能容纳在建筑单元中，而现在计算机出现在员工的办公桌上，成为办公室的普通设备。这个时期的办公室充斥着各种各样的电子设备，人们借助计算机、传真机、复印机、打印机、扫描仪等现代化的办公设备，实现了自动办公，办公的效率空前提高。计算机的普及从根本上改变了办公室内的工作方式和组织结构。依托于智能建筑的智能化办公空间出现了。智能建筑是为了适应现代信息社会对建筑物功能、环境和高效管理的要求，特别是对建筑物应具备信息通信、办公自动化、建筑设备自动控制和管理等一系列功能的要求下，在传统建筑的基础上发展而来的。美国联合技术建筑系统公司（UTBS）于 1984 年 1 月在美国康涅狄格州建设完成的都市大夏（city place building）以当时最先进的技术来控制空调设备、照明设备、防灾和防盗系统、垂直交通运输（电梯）设备、通信和办公自动化等，除了可以实现舒适性、安全性的办公环境外，还具有高效、经济的特点，从此诞生了世界公认的第一座智能建筑。随后，智能建筑便蓬勃发展，以美国和日本兴建最多。在北欧，人们更关注的是办公室舒适的自然环境，如自然采光、通风和室外环境等，追求的是人性化设计。

四、现代办公空间

20 世纪 90 年代以来，以信息和通信产业为代表的知识型产业成为世界经济的主要增长点，网络化、数字化和虚拟化成为新经济的主要特征。互联网技术的广泛应用、移动通信技术的普及发展、各类电子办公产品的不断升级换代使人类的办公效率不断提高，并开始向深度和广度拓展，办公自动化的程度继续加深，新型的办公模式也不断涌现出来。具有专业性和促进沟通交流的工作环境已在布局和设计上发生了巨大的变化。现代企业都将树立企业形象作为企业发展战略的一项核心内容，而企业办公空间正是展示企业形象与企业文化的一个重要载体。当代办公空间设计崇尚个性，激烈的市场竞争使得企业必须有鲜明的形象才能从众多的同类企业中脱颖而出，这也直接导致办公空间设计的个性化需求。同时，发达的信息系统使得办公之间的联系突破了空间的限制，单元化、家庭化办公逐渐增多，工作人员享受到了空间和时间上的自由（见图 1-5、图 1-6）。

图 1-5　自由、放松的办公空间 1 [新橙科技有限公司北京办公室，北京艾迪尔建筑装饰工程股份有限公司（简称艾迪尔）设计]

图 1-6　自由、放松的办公空间 2 [国际药业集团瑞士总部办公室，伊波莱茨建筑咨询服务（上海）有限责任公司（简称 IFG 伊波莱茨）设计]

现代办公空间设计不断推陈出新，在人性化设计理念的前提下，设计师更加自由而不拘泥于固定的思维模式。办公空间设计将随着现代办公方式的转变而改变，但无论何时，它的目标只有一个，那就是为人创造一个高效、舒适和健康的工作环境。

第三节　办公空间的分类

办公空间的使用对象不同、功能构成不同、布局方式不同、装修风格不同、设计理念不同，由此造成了办公空间的各种分类，以下为常用的两种分类方式。

一、根据办公建筑类型分类

办公建筑的类型主要由使用对象和业务特点决定。不同的使用对象具有各自不同的业务组织形式、功能布置规律和运行管理方式，在建筑形式及内部功能上呈现出不同的空间及形态特征，形成不同类型的办公建筑。常见的办公建筑类型有：商务办公、总部办公、政务办公和公寓式办公。

（一）商务办公建筑

概念：通过分层或分区划分的方式，出租或出售给多个企业使用的办公建筑。

特征：商务办公建筑是以出租或出售为经营方式，以获取经济利益为目标的办公建筑类型。办公空间单元组合灵活，辅助设施相对集约，可为用户提供多样化、可选择、设施完备、管理便捷的工作环境。商务办公建筑多建于交通便捷、配套完善的城市中心区域，可实现较高的租售效益。同一栋楼宇内有多家企业存在，各办公空间单元组合灵活，采用混合式的办公布局较多。办公空间装修风格与企业业务内容和企业文化相关。例如：专业性较强的企业，如设计机构、科研部门及商业、贸易、金融、信托投资、保险等行业，其办公空间在实现专业功能的同时，也体现了自己特有的专业形象。

（二）总部办公建筑

概念：作为企业的中枢设施，供企业独自使用的办公建筑。

特征：总部办公建筑作为企业的中枢设施，是企业生产经营管理中心和经济核算中心。它一般由企业管理的核心层和若干职能部门组成，他们负责对企业的所有事务进行决策、管理和监督。总部办公建筑适用于大型企业，组织架构清晰，通常是企业为满足其总部办公功能而建造或设置的办公场所，通常体现为独栋或一组建筑，有其相对独立的办公环境。与其他办公建筑相比，鲜明的企业形象、宜人的办公环境、独立的交通流线系统、多样的功能配套是总部办公建筑的重要关注点。总的来说，总部办公建筑区别于一般办公建筑，具有功能需求复杂，有针对性、特殊办公空间较多，注重公司内部交流活动与工作效率，注重体现企业文化和企业形象等特点。总部办公建筑在设计时，除注重室内空间的设计外，也非常注重景观设计，如内庭院、屋顶花园等的设计。同时，设计时需注意体现企业整体形象及价值观，因此需特别考虑 CI 设计及应用。

(三) 政务办公建筑

概念：党政机关、人民团体开展行政业务、公众服务或党务、事务活动的办公建筑。

特征：政务办公的功能应根据使用机构的工作性质和内容具体确定，总体可分为内部机关办公和公众服务两类。内部机关办公一般按行政部门划分工作单元，公众服务以所受理的事务为目标，以多个部门联合办公的方式开展工作。政务办公的部门多，分工具体，工作内容主要是进行行政管理和政策指导，办公空间往往采用独立办公的布局方式，内部功能除主要的办公室、会议室外，辅助空间也比较齐全。除特定用房需按照使用要求设计外，其他用房的组成具有办公建筑的基本特性。因政府职能转变，应强化社会服务功能的配置，保证充分的便民设施，使行政服务更人性化。政务办公建筑的设计应尊重地方文脉，起到保护与传承传统文化的示范作用，充分关注环保节能技术的运用，成为践行绿色低碳、可持续发展理念的先行者。政务办公建筑的形象特点是严肃、认真、稳重，设计时应采用简洁、恰当的设计语言塑造空间形象，体现庄重朴素、亲民开放的特点。

(四) 公寓式办公建筑

概念：以小型单元的方式开展办公业务，兼有居住功能的办公建筑。《办公建筑设计标准》(JGJ/T67—2019) 在"术语"一则中明确，公寓式办公楼是指"由统一物业管理，根据使用要求，可由一种或数种平面单元组成，单元内设有办公、会客空间和卧室、厨房和厕所等房间的办公楼"。

特征：在平面单元内，公寓式办公建筑兼具办公功能与居住功能，主要满足小型公司与家庭办公需求，在满足办公需求的同时，保证生活的基本舒适度，其办公人员规模在10人以内。在设计时，既需要考虑两种需求的差异性，又要考虑两者转换的可能性，使办公空间具有灵活性、多样性和个性化的特征，以满足使用者自由划分空间的要求。

二、根据室内空间布局分类

根据室内空间布局形式，办公空间可分为独立式、开敞式和混合式办公空间。

(一) 独立式办公空间

概念：以部门或工作性质为单位，分别安排在不同大小和形状的独立房间之中。

形式：全封闭式、半封闭 (考虑视觉和听觉两个因素)、透明式隔断、可调节式隔断。

特征：各办公空间之间干扰小，灯光、空调等系统可独立控制，可节省运营能源成本。

(二) 开敞式办公空间

概念：将若干部门或工作小组置于一个大空间之中，每个工作空间通过交通空间、矮隔断、半通透隔断分隔，形成各自相对独立的工作区域，但相互间又能很便捷地联系与沟通。

形式：蜂巢式 (办公空间视线开阔，员工有相对固定的独立办公区域)、小组型 (小组间有明显的半通透隔断分隔）、俱乐部型（空间视线开阔，员工无固定工位，私密性进一步降低）。

特征：节省空间，提高空间利用率。同时，装修、供电、信息线路、空调等设施容易安装，装修费用相对较低，各工作小组交流方便，但相互间的干扰也随之增大。

（三）混合式办公空间

概念：管理决策人员因需要相对私密的空间，其办公空间采用独立办公室；普通员工为加强员工、团队间的联系，则采用开敞办公室。这种独立办公与开敞办公组合而成的办公空间称为混合式办公空间。其适用于组织机构完整、管理层次清晰的公司。

特征：开敞式、独立式；分区明确、组合灵活、形式多样、管理高效，是现代办公空间的主流形式。

第二章

办公空间的功能构成

第一节　办公空间设计的依据、内容

一、办公空间设计的依据

办公空间设计是一项复杂且综合的工作，在设计前期我们需要与客户沟通，通过调研了解各类信息，并在设计过程中分析、判断，从而选择最适用的设计方案。办公空间设计需考虑相关的设计法规、原始空间环境、建造成本等客观因素，在进行空间整体设计时由于使用对象、业务类型、管理方式和家具规格不同，决定了办公空间的功能构成和组合方式也不同。

（一）使用对象

每一家企业都有各自不同的背景和对办公空间的不同需求，了解客户是设计项目成功的关键。

设计项目总是从客户的委托开始，要了解客户的需求或意愿，优化和调整现有的空间。我们装修自己的住宅时，总会对装修后的结果抱有期待，我们的客户也是如此，他们对我们的设计成果也会有所期待，这意味着，我们的设计成果要超出客户的想象，这样才能达到客户的期待值。因此，我们需要比客户更了解这个空间，以及这个空间将会进行的活动。

有时，客户并不总是明确地提出他们的需求，设计师要从字里行间了解客户的真正预期。设计前的调研尤其重要，如果设计师直接看到客户如何开展每一天的工作，则会在每个规划阶段和随后的设计阶段获得更深层次的认识。

无论何种业务类型，大多数公司的工作模式、空间规划都是类似的。不同客户在办公空间规划上的差异是由业务的类型、业务类别的需求、公司的组织架构、企业文化、对未来公司发展的期望和目前在办公空间上所花的成本决定的。

设计师要认识到客户间的许多相似之处和不同之处，根据经验给出建议或解决方案。尽管每个客户都会有相似之处，但每个客户仍然是独一无二的。

在考虑使用对象时，我们不仅仅需要考虑与我们直接交流或委托任务的对象，也需要考虑使用这个空间的其他人群。办公空间的使用者总是包含不同层面的人群，例如：管理者、普通员工、后勤员工、客户、供应商、第三方服务人员。我们需要在设计中考虑到每一个人群对空间使用的需求，这也体现了设计“以人为本”的宗旨。

（二）业务类型

办公空间是处理办公业务的场所，不同公司的经营范围存在差异，其办公业务也各有不同。在同一楼宇中，因经营的业务不同，其办公空间内的功能布置、设计风格存在很大的差异。

在办公空间设计中，我们需要了解公司的业务类型，不同业务的公司对办公空间的使用有不同的需求。例如：一家化妆品公司，其办公场所会侧重展示、销售与研发这些功能空间；一家律师事务所，其办公场所会侧重会议、接待这些功能空间；一家装饰设计公司，其办公场所会侧重会议、材料展示、培训这些功能空间。功能侧重不同会造成公司的办公空间功能构成、空间面积占比不同。

不同业务的公司在对外的形象方面也会有所区别，比如：律师事务所往往在装修风格上倾向沉稳、严肃；设计公司的风格则倾向于体现艺术氛围与专业态度；而化妆品公司的风格更趋于表现新潮、时尚，因此办公空间设计在设计元素、色彩、灯光的处理上也不尽相同。

（三）管理方式

管理方式在企业内部是指解决管理问题的基本工作内容，包括：①管理目标的设定与分解；②组织体系架构、分工与相应人员配置及设施配置；③管理职责及权限、工作标准与工作流程的设定；④利益分配与激励；⑤责任追究与惩戒。而这里的“管理方式”是指与公司运作有关的组织体系架构与日常工作模式，即上述管理方式中的第②种与第③种，它在一定程度上会影响设计师对办公空间设计的思考。

设计师在考虑空间划分时，需要针对公司的组织体系架构进行考虑，例如：需要几个独立的办公空间、哪些人或部门可以在开敞的大空间中办公、财务和人事办公室是否需要紧靠总经理办公室等问题。

设计师的目的是提供舒适的办公条件、提高办公效率和美化办公环境，需要了解公司的日常工作模式，以此对空间内的功能与交通进行优化。一些企业，员工的工作以跑外勤为主，因此我们不需要有太多固定工位；一些企业，访客较多，这时我们需要考虑更多的交流与会议空间；另一些企业，员工的大部分工作在办公室进行，这时我们有必要考虑固定工位的功能复合化。

（四）家具规格

家具规格与设计成本有关，也与办公的内容有关。一方面，家具的成本差异很大，一张办公桌因材质、式样、工艺、品牌的不同，价格从几百元到几千元不等；另一方面，普通办公桌与专业办公桌的尺寸与样式存在一定的差异，例如：普通行政办公桌的尺寸为600mm×1 200mm×720mm，并对收纳功能要求较高；而专业设计制图用办公桌的尺寸较大，为750mm×1 500mm×720mm，且部分办公桌的桌面可升降或倾斜，但其对收纳功能要求则相对较弱。

因家具的尺寸及材质存在差异，所以会对办公空间的平面布置及立面风格有一定影响。虽然每个家具的尺寸差别只是几十到几百毫米，但大量家具汇聚在一个空间时，会对办公空间的通道宽度、工位的数量、空间舒适度等都有一定影响。设计师应根据空间尺度、功能需求、整体造价选择合适的办公家具。

二、办公空间设计的内容

在熟悉原始空间环境、了解客户的需求后，我们则可以展开设计工作。从思考分析的角度来说，设计内容包括功能布局、交通组织、家具布置、物理环境设计、色彩与材质的选择等。从成果组成的角度来说，设计内容包含设计说明、平面设计图、立面设计图、详图、设备图及效果图等。在制作方案阶段，设计师要重点考虑以下四方面的内容。

（一）功能构成

办公空间按业务紧密关系分为办公业务空间、公共空间、服务空间和附属设施四个部分。而涉及每个不同的公司，我们需要对其内容进一步细化，并确定功能空间的性质、数量和大小。

（二）空间布局

在确定功能构成后，结合使用需求对空间进行布局，空间布局分为独立式、开敞式和混合式；根据企业的规模、原始空间环境、客户需求、公司组织架构及运作模式，设计师进行空间布局的选择，并进行从抽象的泡泡图到相对具象的平面方案图的设计。

（三）交通组织

在进行交通组织时，通道是一个线性元素，它把各个功能空间组合在一起。线性元素并不指直线，它也有可能是折线或曲线，这对于空间的优化尤其重要。按通道布置的不同分为单外廊、内侧单走道、双通道、回廊、成片式和混合式等几种形式。交通组织中除走道外，还需考虑门厅、电梯、疏散口等因素。

（四）家具布置

室内家具主要包括办公桌、椅、文件柜等，家具的配置、规格和组合方式由使用对象、工作性质、设计标准、空间条件等因素决定。办公空间中，家具不仅仅具有使用功能，同时对空间划分起到很大的作用，办公空间内的部分隔断可以用家具来实现。规整的办公家具布置会使办公空间简洁、整齐，折线形或弧线形的家具布置则会使空间更加灵动而亲切。

设计中，以上四个方面不是独立存在的，而是存在着内在联系，因此综合性、创新性地思考以上问题是设计的重要内容。

第二节　办公空间的功能构成

一、功能空间的构成

办公空间由办公用房、公共用房、服务用房和设备用房四个部分组成。

（一）办公用房

办公用房分为普通办公室与专业办公室，是办公空间中最核心的部分，大部分的办公活动在此展开。

（二）公共用房

公共用房是内部员工、服务人员与来访人员共同使用的空间，是办公空间中相对比较开放的区域，例如：门厅、会议室、接待室、展示区、陈列区等，是办公业务开展时人们交流活动发生的场所。

（三）服务用房

服务用房包括一般性服务用房和技术性服务用房。它为办公活动的开展提供了生活、技术上的支持。

（四）设备用房

设备用房是指与动力、强弱电、暖通、给排水等设备相关的功能性用房，这些空间的专业性较强，主要由设备管理与维护人员使用。

二、各功能空间的作用

办公空间由各种功能综合组成，在设计中，我们重点关注以下空间：办公室、会议室、门厅、接待室、休憩空间、展示区、图书阅览区、走廊、室内楼梯。

（一）办公室

办公室是办公空间中主要业务活动空间，是办公空间中最核心的区域，是内部工作人员使用最多的区域，按开放程度可分为独立式办公室（见图 2–1）与开放式办公室（见图 2–2）。人们在办公室内对各种特定信息进行收集、交流、分析、判断并做处理。

图 2-1 独立式办公室（学生作品）

图 2-2 开放式办公室（学生作品）

(二) 会议室

会议室（见图 2-3）是用来议事、协商的空间，是办公空间中最主要的对外交流区域。会议室按面积大小可分为三类：小型（不小于 $30m^2$）、中型（不小于 $60m^2$）、大型（一般不小于 $100m^2$）。会议室在办公空间中承担多种功能，对外起到会客、商务洽谈的作用；对内起到工作分配、工作讨论、员工培训的作用，同时又可作为表演及观影的空间等。

图 2-3　会议室空间（学生作品）

（三）门厅

门厅（见图 2-4）连接办公内外空间，是办公空间中重要的交通枢纽，也是客户对企业产生第一印象的场所。门厅具有接待、收发、咨询等服务性功能，同时也具有人员聚散的交通功能。门厅范围内，可根据需要设置接待台、等候休息区和小型洽谈区。

图 2-4　门厅［椰岛游戏上海总部办公室，孚提埃（上海）建筑设计事务所有限公司（简称 FTA）设计］

(四) 接待室

接待室（见图 2–5）是为来访者提供休息、等候与洽谈的场所。接待室可以与门厅或会议室相连，有比较便捷的交通，同时不会影响内部工作，也可以安排在管理人员办公室附近，方便管理者接待重要客户。接待室为访客提供了独立的活动空间，避免访客对正常工作造成干扰。

图 2–5　接待室（学生作品）

(五) 休憩空间

休憩空间是为员工提供休息、娱乐的空间，主要形式有休闲讨论室（见图 2–6）、头脑风暴室、餐饮休闲区（见图 2–7）、咖啡厅和一些散布的休息座椅。休憩空间的作用是解决员工长时间工作所产生的精神上和生理上的疲惫，是办公空间人性化的重要体现。

图 2–6　休闲讨论室（学生作品）

图 2–7　餐饮休闲区（学生作品）

（六）展示区

展示区是公司展示宣传的区域，主要陈设公司的历史资料、产品及发展规划等。展示区的设置也并不局限于一定的区域，巧妙的设计能够让人不经意地随时感受到产品的存在，它融合在办公、会议、交通、休憩等各个空间中，既是空间中的装饰，又可以起到展示企业形象及产品的作用。

（七）图书阅览区

图书阅览区（见图 2-8）是人们查阅、收集资料的区域。传统的图书室主要提供纸质书，现代办公空间中的图书阅览区已经成了信息中心，有时可与小型讨论空间结合起来设计。图书阅览区的内容不仅仅是实体书籍，还应考虑现代化的信息检索方式，如多媒体、计算机网络等。

图 2-8　阅览区（学生作品）

（八）走廊

走廊是连接各功能区的交通空间，是人们活动的必经之地。传统的走廊仅仅起到交通联系的作用，而现代办公空间中，走廊还可以同其他空间如办公、休息、展示等共同构成复合空间，拓展了空间功能，也丰富了空间层次。

（九）室内楼梯

在办公建筑中，原有的楼梯与电梯主要起到竖向交通联系及消防疏散的作用，其位置、大小由建筑设计确定，一般不能随意改动。在办公空间设计中，也可以增设一些开敞式楼梯，这些楼梯增加了上下楼层间的交通联系，打破了楼板对视线及交通的阻隔，使楼层间的互动变得更加频繁，丰富了整个办公空间的层次，使上下层形成一个整体办公区域。

（十）其他

随着人们对办公空间设计需求的增加，办公空间内的功能也更加综合与复杂，设计师应当根据市场现状、客户需求、前瞻眼光考虑更多新兴的功能设计。在设计时，不断比较各功能与功能间的关系，寻求更加优化的平面布置方案。

第三章

办公空间的设计基础

第一节　办公空间的设计原理

办公空间设计是公共空间设计，与居住空间相比，办公空间在空间的规模、功能、适用对象等方面有较大差异。在办公空间设计中，处理好功能、技术与艺术三者之间的关系是一个非常关键的问题，也是做好所有公共空间工程设计的基础。

在办公空间设计中，我们始终在思考功能需求、艺术形象和技术条件的问题，并使三者关系达到高度统一。其中，满足功能需求与满足审美需求（即艺术形象）是设计的根本目的，而掌握各种技术是我们达成目的的手段。

一、公共空间的基本概念

公共空间是一个不限于经济或社会条件，任何人都有权进入的地方。大多数街道，包括人行道，像城镇广场和公园均为公共空间。政府建筑、公共图书馆及不少类似的建筑都是公共空间。赫曼·赫茨伯格在《建筑学教程》中对公共概念进行阐释，他认为“公共”（public）和“私有”（private）的概念在空间范畴内可以用“集体的”（collective）与“个体的”（individual）两个属性来表达。

在建筑学的范畴里，我们常说的公共空间是指与私密空间相对立的、有管理人或控制人、在人员流动上具有不特定性的一定范围的空间，或者称不特定多人流动的特定管理或控制空间。“公共空间”被定义为：向全体公民开放的、承载社会公共生活的并由城市中的物质实体要素所建构的空间。

本书中主要讨论的是室内的公共空间。室内公共空间可以分为两类：限定性公共室内空间（学校、办公空间）和非限定性公共室内空间（酒店、餐馆、商店）。

室内公共空间设计是通过对行为、环境、文化、时代、习俗、理念、科技以及生理和心理等因素的综合思维进行的空间设计，旨在改善公众的物理生活环境，提高公众的精神生活质量。

二、办公空间的功能问题

办公空间的功能问题主要包括以下几个方面：空间组成、功能分区、人流组织与疏散，以及空间的大小、形状、朝向、供热、通风、日照、采光、照明等物理环境（即量、形、质）。其中，我们设计时关注的重点是办公室内空间的功能和流线的组织问题。

（一）办公空间的空间组成

在办公空间中，尽管空间的使用性质与组成类型是多种多样的，但是根据空间的重要程度，可以划分成为主要功能空间、次要功能空间和交通联系空间（见图 3-1）。设计中应针对这三大部分的关系进行排列组合，逐一解决各种矛盾问题以求得各功能空间的合理组合，找出空间组合的总体性和规律性。在这三部分的构成关系中，交通联系空间的配置往往起关键作用。

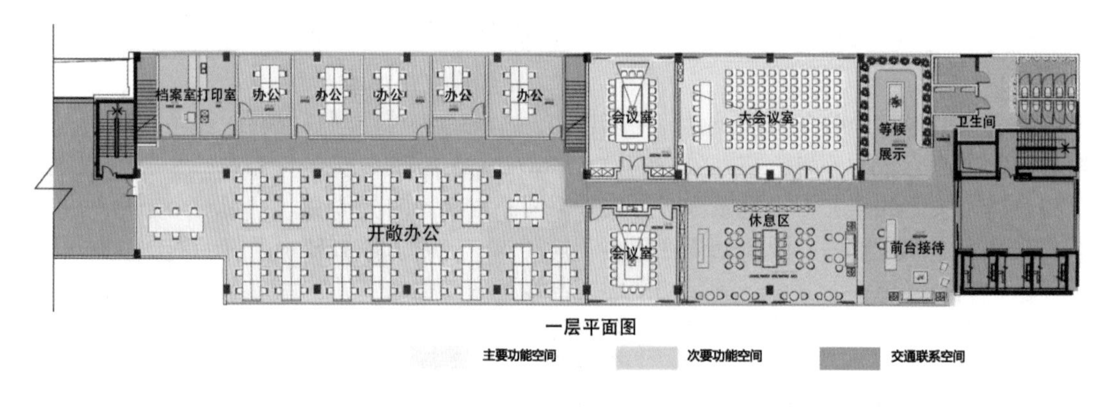

图 3-1　某办公空间设计方案

在办公空间设计中，我们首先要明确哪些是主要功能空间，哪些是辅助功能空间。办公室与会议室显然是主要功能空间，而卫生间、储藏室、阅览室、接待室等则是辅助功能空间，交通空间的作用则是把各种人群从入口引导到各个功能空间。在设计中，根据办公空间的业务特点及客户的使用要求，清晰地把使用空间进行主次分类，有利于我们抓住设计的核心问题，把重要的资源尽量用在主要功能空间中。

交通联系空间一般可分为：水平交通（走道）、垂直交通（楼梯）和枢纽交通（门厅、候梯厅）三种基本空间形式。

（二）办公空间的功能分区

（1）功能分区是指将空间按不同功能要求进行分类，并根据它们之间联系的密切程度加以组合、划分。

（2）功能分区的原则是：分区明确、联系方便；并按主、次，内、外，闹、静，洁、污的关系合理安排，使其各得其所，同时还要根据实际使用要求，按人流活动的顺序关系安排位置。空间划分、组合时要以主要空间为核心，次要空间的安排要有利于主要空间功能的发挥；对外联系的空间要靠近交通枢纽，供内部使用的空间要相对隐蔽，空间的联系与隔离要在深入分析的基础上恰当处理。

（三）办公空间的人流组织与疏散

室内公共空间的人流组织问题实质上是人流活动的顺序关系问题，一般分为平面和立体两种方式。

1. 平面交通空间布置要点

平面交通空间布置应直截了当，避免曲折多变，与各部分空间有密切联系，宜有较好的采光和照明。

平面交通空间形式繁多，可以是封闭的，也可以是开放的或半开放的；可以是直线形的或曲线形的，可以是直线与曲线相结合的。在设计平面交通空间时，除考虑其空间形式外，还需考虑建筑的整体布局、艺术效果、安全疏散、采光通风等问题。

门厅是整个办公空间的咽喉要道，是人流出入汇集的场所，也是公共空间处理的重点。门厅的设计主要依据两方面的要求：一是使用方面的要求；二是空间处理方面的要求。门厅除满足通行能力的要求之外，还应体现一定的空间意境。同时，除需要考虑空间的大小之外，还应考虑空间的导向与组织作用。

2. 立体交通空间布置要点

立体交通空间的位置与数量依功能需要和消防要求而定。应靠近交通枢纽，布置均匀并有主次，与使用人流数量相适应。

常用的垂直交通方式有：楼梯、坡道、电梯、自动扶梯，在办公空间设计中常采用开敞楼梯。楼梯的位置宜安排在过厅、门厅、休憩空间、开敞办公室等公共开敞区域。

办公空间人流疏散问题是交通组织中的一个重要内容，办公空间人流疏散分正常和紧急两种情况。正常交通疏散的人流是连续的，而紧急交通疏散时人流则是集中的。办公空间的人流疏散要求安全、通畅，要考虑交通枢纽处的缓冲地带的设置，必要时可适当分散，以防过度的拥挤。

（四）功能对空间形式的规定性

1. 功能对空间大小和容量的规定性

功能对于空间的大小和容量要求理应按照体积来考虑，但在实际工作中为了方便起见，一般都是以平面面积作为设计的依据。空间使用要求不同，对空间的面积要求就要随之变化。如一间带接待功能的独立办公室至少需要 $6m^2$ 的面积，而拥有 100 个座位的会议室大约需要 $100m^2$ 的面积。

2. 功能对于空间形状方面的规定性

它是指空间要具有合适的形状以适应功能要求。除满足使用功能要求外，也要考虑美观要求。

3. 功能对于空间质的规定性

办公空间的使用应当具有适当的条件（如日照、采光、通风、温度、湿度等），以提供一个舒适的工作环境。

三、办公空间的技术与经济问题

办公空间的形成以一定的工程技术条件作为手段。办公空间的空间要求和建筑技术的发展是相互促进的。选择技术形式时既要满足使用功能和审美的要求，同时也要符合经济原则。

（一）办公空间与结构技术

办公空间设计中常用两种结构形式：墙体承重结构、框架结构。

1. 墙体承重结构

墙体承重结构常为砖砌墙体、钢筋混凝土梁板体系，梁板跨度不大，承重墙平面呈矩形网格布置，常见于房间不大、层数不多的办公建筑。

结构特点：内墙和外墙起到分隔建筑空间和支撑上部结构重量的双重作用。

设计时需注意：墙体不宜大改动，避免出现承重安全问题。

2. 框架结构

框架结构是目前办公楼宇中最常用的结构形式，承重与非承重构件分工明确，支撑建筑空间的骨架是梁、板、柱；而分割室内外空间的维护结构和轻质隔断是非承重构件。

结构特点：空间处理灵活，墙体可灵活拆装，梁板的跨度较大。

设计时需注意：尽量避免对梁板柱等承重构件做调整；可对非承重构件进行设计改动。

结构技术把科学性和实用性统一起来，为建筑空间提供强大的支撑。古今中外的优秀建筑都必然是既符合结构的力学规律性，又能适应功能要求，同时还能体现出形式美的一般法则，这三方面有机结合，才能反映事物内在的和谐统一性。

（二）办公空间与设备

办公空间中的设备主要包括强弱电、给排水、暖通以及消防安全等。

考虑要点：合理布置设备用房及管道走线，解决好室内空间、结构与设备上的各种矛盾，注意减噪、防火、隔热问题。了解采暖、空调、照明各种系统的选型原则和适用范围。

进行人工照明时，需考虑一定的照度、适宜的亮度分布和防止眩光的产生、选择优美的灯具形式和创造一定的灯光艺术效果，在满足照明需求的同时考虑场景氛围的营造。

在信息化的时代，弱电系统无疑是应用非常广泛的。办公空间中办公自动化系统和视频会议系统为工作提供了很大方便。

在办公空间设计中，给排水相关的设备用房、管井及线路布置与其他设备用房及管网的矛盾需要合理解决，避免产生渗水、噪音等问题。同时，也需要考虑消防给水及自动喷水灭火系统的设置。

在暖通方面，除了调节办公空间的温度外，还要考虑调整室内湿度、风速与洁净度，从而可以保证室内有良好的空气环境和适宜的温度。在办公空间中，无论采用哪种空调形式，都有一个气流组织的问题。一般应结合空调系统或独立设置系统，做到把处理好的空气送到人们活动或逗留的区域，并使整个活动区域的气流保持均匀、稳定，达到舒适合理的温湿度标准和一定的速度及洁净度，并能及时地排出污浊的空气。

（三）办公空间与经济

办公空间的经济问题涉及的范围是多方面的，如总体空间设计、细部设计、材料、人工、施工方法及维修管理等。

评价办公空间设计是否经济固然可以从多方面考虑，如功能布局、家具电器标准、建筑材料、装修构造以及设备标准、维修管理等，但是在进行空间设计时，应在满足功能使用与体形处理的要求下，提高空间使用效率，节约能耗，降低造价，以期获得较好的经济效益。

四、办公空间的艺术处理

办公空间在满足人们使用功能要求的同时，还必须满足人们的精神要求。物质与精神上的双重要求都是创造空间形式的内容依据。一般说来，一定的空间形式取决于一定的空间功能，同时空间形式常能反作用于空间功能，并对空间功能起着一定的影响和制约的作用。因此，在对办公空间进行艺术处理时，应使两者辩证统一，才能取得良好的效果。

这要求在空间组合中，结合一定的创作意境，巧妙地对内在因素的差别性和一致性加以有规律、有节奏地处理，使空间的艺术形式达到多样统一的效果。

在考虑办公空间的艺术处理问题时，还必须弄清空间艺术的特点与形式美的内容。空间艺术不同于其他作品的艺术形式，即：办公空间不能像其他艺术形式那样再现生活，它只能通过一定的空间和体形、比例和尺度、色彩和质感等方面构成的艺术形象表达某些抽象的思想内容，如庄严肃穆、明快华丽、宁静淡雅、轻松活泼等。这些既是空间艺术的普遍属性，同样也是办公空间艺术形式的特性。办公空间设计中常用的一些基本的形式美原则如下。

（一）统一与变化

统一是形式美的第一原则。设计师在设计作品中创造空间的条理性、规律性，从而达到统一的目的，一个和谐、主题明确的设计作品往往给人统一的感觉。统一不是简单的“同一”。设计中，变化是避免单调的措施。变化是形成美的基础，统一是美的目的。统一与变化是矛盾的两个方面，是相辅相成的。

统一与变化的处理手法：通过协调空间的形状（大小或状态）求得统一感；通过简化空间的形状求得统一感；通过形成空间的从属关系求得统一感。

在设计中运用好统一与变化这一形式美原则可以使设计的主体更加突出。

（二）均衡与稳定

古代，人们在与重力做斗争的过程中，逐渐地形成了一整套与重力有联系的审美观念，这就是均衡与稳定。由于地心引力的作用和人的生理特点的原因，人们对金字塔、天坛这一类的形体有一种稳定、安全、可靠的感觉。而觉得上大下小的形体不稳定，并产生不安、不愉悦的感受。人们对对称的形体会产生均衡、协调的感受；而对不对称的形体则会产生失衡的感受。

均衡可分为静态均衡与动态均衡。设计中主要运用的是静态均衡。静态均衡有两种基本形式：一种是对称的形式；另一种是非对称的形式。对称的形式天然就是均衡的，其本身体现出一种严格的制约关系，因而具有一种完整统一性。不对称的形式虽然相互之间的制约关系不像对称形式那样明显、严格，但要保持均衡本身也就是一种制约关系。而且与对称形式的均衡相比较，不对称形式的均衡显然要轻巧、活泼得多。除静态均衡外，有很多现象是依靠运动来求得平衡的，这种形式的均衡称为动态均衡。

和均衡相连的是稳定。如果说均衡所涉及的主要是建筑构图中各要素左与右、前与后、上与下之间相对轻重、大小关系的处理，那么稳定所涉及的则是建筑整体上下之间的轻重、大小的关系。

可以说，均衡是达成稳定的方法，而形成稳定的感受是均衡的目的。影响均衡和稳定的因素有体量、色彩和质感等，例如：深色、粗犷的质感显得厚重，而浅色、平滑的质感显得轻巧。

（三）韵律与节奏

办公空间设计中形式美的处理还存在着韵律与节奏这一原则。所谓韵律，常指设计构图中的有组织的变化和有规律的重复，形成有节奏的韵律感，从而给人以美的感受。室内设计中，常用的韵律手法有连续的韵律、渐变的韵律、起伏的韵律、交错的韵律等。

1. 连续的韵律

这种手法是指在设计构图中强调一种或几种组成部分的连续运用和重复出现，有组织的排列所产生的韵律感。

2. 渐变的韵律

这种韵律的构图特点是：常将某些组成部分，如体量的大小、高低，色彩的冷暖、浓淡，质感的粗细、轻重等做有规律的增减变化，以产成统一和谐的韵律感。

3. 起伏的韵律

这种手法虽然也是将某些组成部分做有规律的增减变化，进而形成韵律感，但是它与渐变的韵律有所不同。起伏的韵律是在体型处理中更加强调某一因素的变化，使空间组合或细部处理高低错落，起伏生动。

4. 交错的韵律

这种韵律是指在设计构图中对各种造型因素，如体型的大小、空间的虚实、细部的疏密做有规律的纵横交错、相互穿插的处理，形成一种丰富的韵律感。

总而言之，韵律是物形的各要素重复或渐变所形成的一种状态，这种有规律的变化和有秩序的重复又形成了节奏。韵律和节奏也是大自然的表现，在很多材料的纹理中也能看到这种美感。韵律和节奏的构成要素是通过变化产生的，其特征是有条理、重复和连续，韵律与节奏能使人们对空间中的某一特征或形式加深印象。

(四)比例与尺度

办公空间体形处理中的“比例”一般包含两个方面的概念：一是空间整体或它的某个细部本身的长、宽、高之间的大小关系；二是空间整体与局部或局部与局部之间的大小关系。和谐的比例可以产生美感，良好的比例一定要能正确反映事物内在的逻辑性。

而办公空间的“尺度”涉及真实大小和尺寸，是空间整体和某些细部与人或人们所习见的某些空间细部之间的关系。例如：人体尺度在设计中的掌握与运用。

(五)对比与协调

办公空间设计中，“对比”指的是空间各要素之间存在显著的差异，使其形、色更加鲜明，可以借彼此之间的烘托陪衬来突出各自的特点，给人以强烈的感受和深刻的印象。设计中，如果没有对比会使人感到单调，而过分地强调对比又会失去相互之间的协调统一性，可能造成混乱，使作品支离破碎、杂乱无章。设计师只有恰当地运用对比手法才可增强设计作品的感染力，张扬设计作品的个性；只有把对比与协调两者巧妙地结合在一起，才能达到既有变化又和谐一致、既多样又统一的效果。

如何能让“对比”协调呢？设计中，常通过明确主次关系、调整比例尺度、关联设计元素等手法达成协调。

(六)主从与重点

办公空间由若干空间要素组成，每一要素在整体中所占的比重和所处的地位都会影响整体的统一性。倘使所有要素都竞相突出自己，或者都处于同等重要的地位，不分主次，都会削弱整体的完整统一性。在一个有机统一的办公空间中，各组成部分是不能不加区别而一律同等对待的。它们应当有主与从的差别，有重点与一般的差别，有核心与外围的差别，有前景与背景的差别。否则，各要素平均分布、同等对待，即使排列得整整齐齐、很有秩序，也难免会流于松散、单调而失去美感。

在空间设计中，也可突出重点要素来体现主从关系。所谓突出重点就是指在设计中充分利用功能特点，有意识地突出或强调其中的某个部分并以此为重点或中心，而使其他部分明显地处于从属地位。突出重点可以达到主从分明、完整统一的空间设计效果。

第二节　办公空间的组织基础

一、空间组合的类型

在办公空间设计中，常可按主要功能空间、次要（辅助）功能空间及交通联系空间的不同组合方式，将空间组合归纳成以下两种基本类型。

（一）以通道等交通空间联系各独立使用空间的组合

这种空间组合的特点是各个房间的组成在功能要求上基本需要独立设置。所以各个房间之间就需要有一定的交通联系方式，如设置走道、过厅、门厅，形成一个完整的空间整体，通常这种组合方式被称为“走道式”的空间布局。这种空间组合方式对于某些行政办公来说尤为适用。

走道式空间布局（见图 3–2）通常有两种：一是走廊在中间联系两侧的房间，称为内廊式；二是走廊位于一侧联系单面的房间，称为外廊式。

内廊式的主要优点是走道所占面积比较小，布局经济；其主要缺点是不能满足所有房间都有较好的朝向，处理不当易形成黑走廊。

外廊式的主要优点是所有用房基本可得到良好的朝向、通风和采光；其主要缺点是走廊过长、辅助面积偏大。

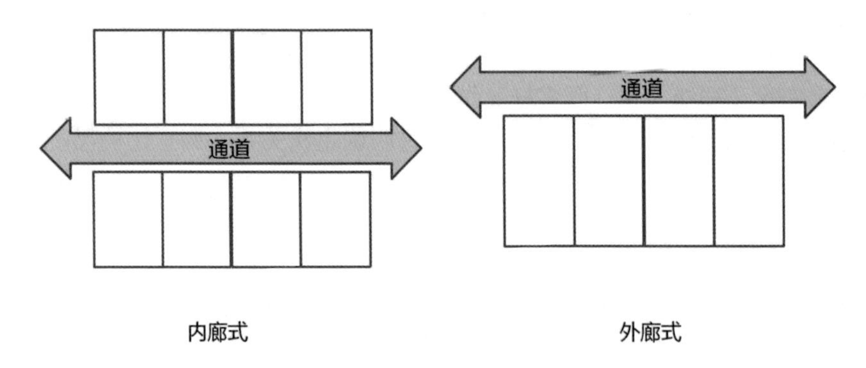

图 3–2　办公空间走道式空间布局

（二）大空间分隔的组合形式

空间和人流活动皆组合在一个完整的、综合的大空间之中，适用于开敞式办公空间。这种组合形式具有使用机动灵活、空间利用紧凑、流线自由灵活的优点；其缺点是相互干扰较大。大空间内的空间组合常采用两种方式，具体如下。

1. 葡萄串式空间组合形式

葡萄串式组合形式（见图 3–3）由一条交通主流线串联多条次流线，具有各组团空间分区明确、结构清晰、简洁明确、相互干扰较少、流程不交叉等优点。但当空间面积太大时，交通主流线人员流动较大，人员不易分流。

2. 回字形空间组合形式

这种组合形式是将开敞空间由一条“回”字形的走道串联。回字形空间组合形式（见图 3–4）的优点是交通流畅，缓解了主通道的交通压力，各空间组合灵活且可独立使用。缺点是交通流线所占面积较大，易造成面积浪费。

不论采用哪种空间组合方式，我们的目的都是更好地发挥各使用空间的作用，提高工作效率，降低空间使用成本。在设计中，某些较大的办公空间因功能比较复杂，不可能只

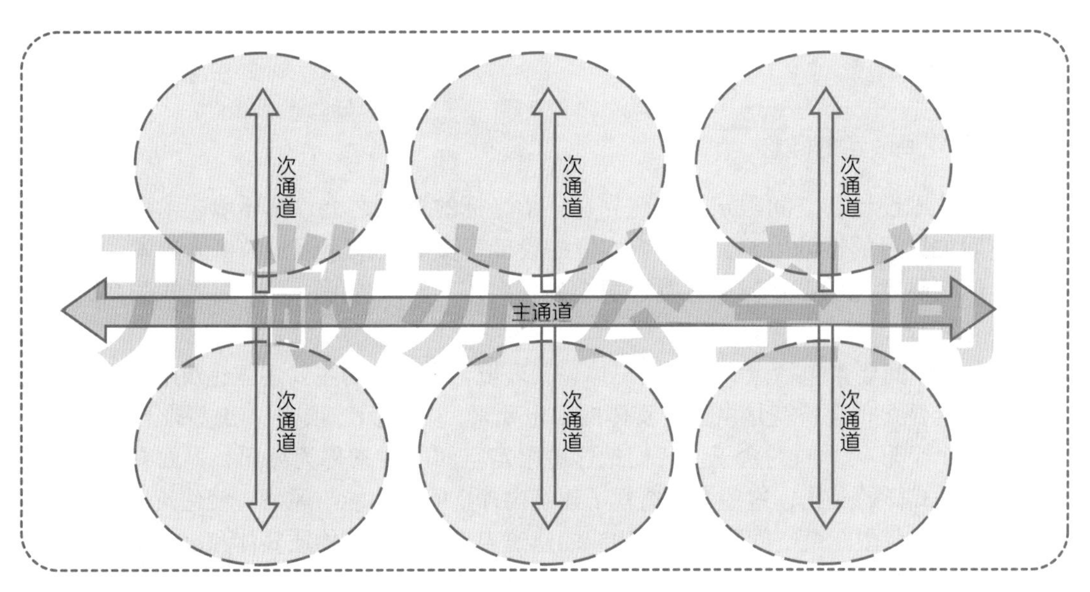

图 3-3　葡萄串式空间组合形式

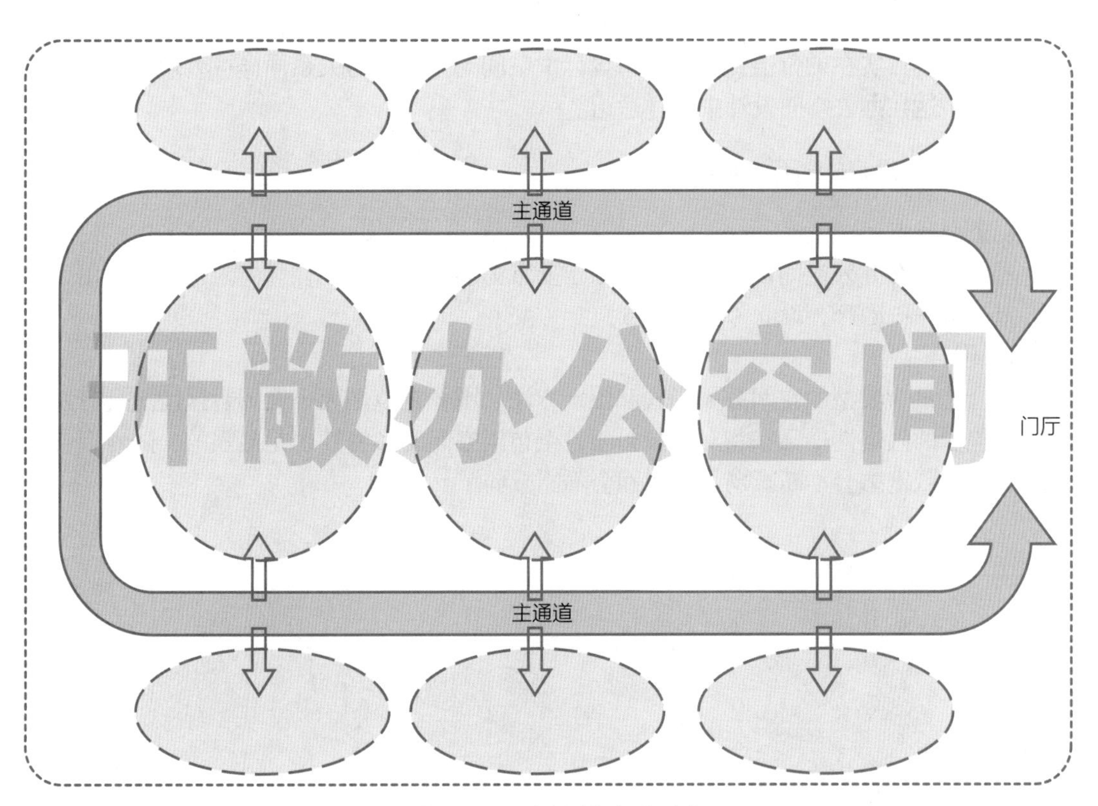

图 3-4　回字形空间组合形式

运用某一种单一空间组合形式，可采用多种空间组合形式。

二、空间限定

(一) 空间限定的概念

环境艺术设计的空间限定要素建立在三维坐标的概念之上。在环境艺术设计中，只有对空间加以目的性的限定，才具有实际的设计意义。从空间限定的概念出发，环境艺术设计的实际意义就是要研究各类环境中静态实体、动态虚形以及它们之间关系的功能与审美问题。

抽象的空间要素包括点、线、面、体，在环境艺术设计的主要实体建筑中表现为客观存在的限定要素。建筑就是由这些实体的限定要素，如地面、顶棚、四壁围合成的空间，就像是一个个形状不同的盒子。我们把这些限定空间的要素称为界面。界面有形状、比例、尺度和式样的变化，这些变化造就了建筑内外空间的功能与风格，使建筑内外的环境呈现出不同的氛围。由空间限定要素构成的建筑表现为存在的物质实体和虚无空间两种形态。前者为限定要素的本体，后者为限定要素之间的虚空。从环境艺术设计的角度出发，建筑界面内外的虚空都具有设计上的意义。空间的实体与虚空、存在与使用之间是辩证而又统一的关系。显然，从环境的主体人的角度出发，限定要素之间的“无”比限定要素的本体“有”更具实在的价值。环境艺术设计中空间的无与有的关系同样可以理解为场与实物的关系。这在办公空间设计中同样适用。

(二) 空间限定的类型与手法

1. 竖向限定

竖向限定在办公空间设计中的主要限定要素为墙、柱与梁。在竖向限定中主要用到两种限定手法——围合、设立（见图 3-5）。

1）围合

围合是最为典型的空间分隔形式和限定方法。围合在范围大小及围合强度上会有所不同。全包围的限定性最强，相对比较封闭，全包围空间的私密性也是最强的。随着围合界面的减少，限定感会不断减弱，私密性会不断减弱。

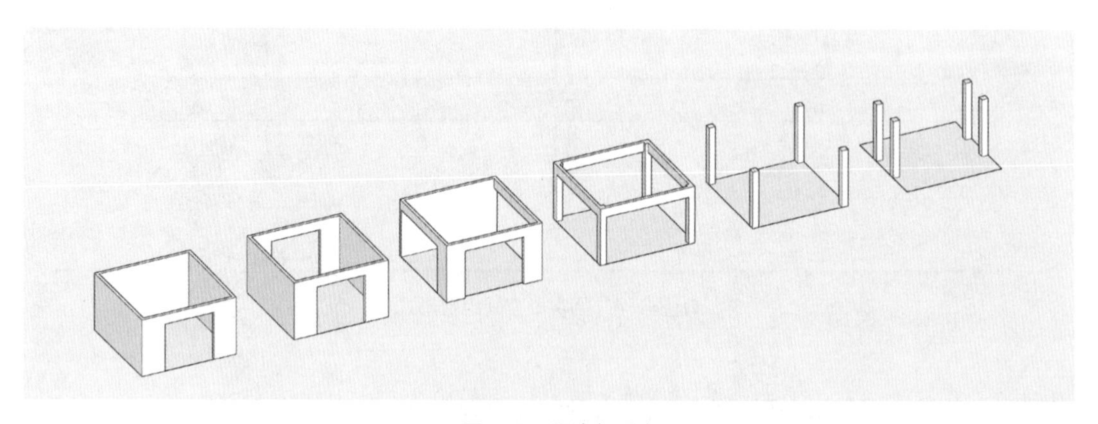

图 3-5　围合与设立

2）设立

设立是限定中较为简单的一种形式，我们把限定要素分布在空间当中，通过限定要素相互呼应的关系对空间进行限定。这种限定形式的限定性较弱，比较抽象，是通过人们联想把空间划分出来的。

2. 水平限定

水平限定在办公空间设计中的主要限定要素为地面与顶棚。在水平限定中主要用到的限定手法有五种：覆盖、抬高、下沉、架起、肌理变化。

1）覆盖

覆盖是指通过对天花吊顶的设计，使其对应的下方空间与周边空间有所区分。常见的就是客厅和餐厅之间的天花吊顶，通过这种覆盖的限定方式，可以明显感觉客厅和餐厅属于两个空间。在办公空间中，对区域上方的吊顶进行设计后，空间的范围有了一定的界定（见图 3-6）。

图 3-6 环形综合服务台（万集科技顺义产业园共享办公区，艾迪尔设计）

2）抬高

设计时，把空间中局部区域抬高，在与其他空间区分开来的同时，还能起到强调的作用。通常在强调空间与空间之间功能差别的时候会用到这样的手法（见图 3-7）。

3）下沉

下沉是指让某一局部低于周边区域。下沉空间显得含蓄和安定，能促进人与人的交流，常常有鼓励参与的作用。在做引导、交流空间的时候常会用到这样的手法对空间进行限定。

图 3-7　抬高的休闲角（学生作品）

4）架起

当室内层高较高时，可对局部区域做夹层，在增加使用面积的同时，也对空间的功能进行了限定。这些架起的夹层空间一般处于几乎完全悬浮的状态，这样的空间往往起到增加空间层次感的作用（见图 3-8）。

图 3-8　架起空间（新橙科技有限公司北京办公室，艾迪尔设计）

5）肌理变化

肌理变化同样是一种比较抽象的限定手法。它的限定性比较弱，但可以使空间更有可塑性，这种似限定而又非限定的状态给空间带来了更多的可能性。它在设计上的应用往往是对材质及色彩的处理（见图 3-9）。

图 3-9 肌理变化［上海耀乘健康科技有限公司上海办公室，上海赫韬建筑装饰工程有限公司（简称赫韬建设）设计，李凌摄影］

3. 综合限定

在实际设计时，我们往往不是单一使用一种限定手法，而是综合使用多种手法，以增强空间的层次感与凸显主从关系（见图 3-10）。

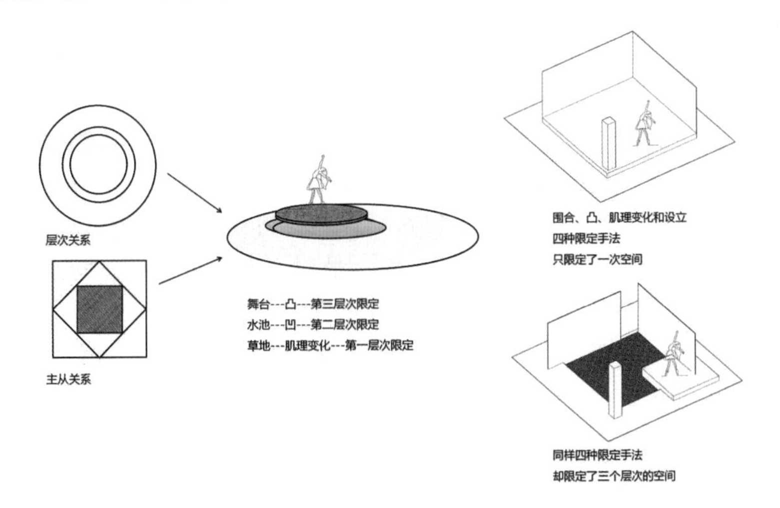

图 3-10 综合限定示意图

(三）影响空间限定的因素

影响空间限定的因素有很多，大致可分为三个方面，即：构型要素的方位、构型要素的形式以及构型要素的相互关系。

构型要素的方位主要有水平、垂直与倾斜三种情况；构型要素的形式则包含构型要素的形状、大小、色彩、肌理和开洞特征；构型要素间的相互关系一般存在“一字形”线性构型要素、“L形”限定的空间区域、平行面限定的空间区域、“U形”限定的空间区域以及四面围合限定的空间区域。

第三节　办公空间设计的相关规范与法规

目前，我国还没有针对室内公共空间做专门且全面的设计规范。室内设计相关规范主要依照建筑设计规范。以办公空间为例，主要涉及《民用建筑设计统一标准》《建筑设计防火规范》《建筑与市政工程无障碍通用规范》《建筑内部装修设计防火规范》《办公建筑设计标准》。每一本设计规范都有一定的适用范围及适用时间，本章节所列举的规范是写本教材时适用的规范，设计者在做设计时需参考适用的最新规范，本书仅对上述几本规范做简单介绍，规范涉及的具体内容需课后自行阅读。

设计规范与法规是我们在处理设计事务时必须遵循的，因此设计师在每个项目展开前应当先了解并熟悉与项目类型相关的规范与法规。

一、《民用建筑设计统一标准》

《民用建筑设计统一标准》是最基础的设计规范，是统一各类民用建筑的通用设计要求而设立的标准。该标准规定民用建筑需符合适用、经济、绿色、美观的建筑方针，需满足安全、卫生、环保等基本要求。

《民用建筑设计统一标准》根据建筑的使用功能、建筑高度与层数、建筑使用年限对民用建筑进行了分类，对不同气候区域的建筑提出了基本要求，对防灾避难提出了建筑设计基本要求。

该标准提示设计师应根据使用人数计算配套设施、疏散通道和楼梯及安全出口的宽度。对建筑的平面布置、层高及室内净高、地下室及半地下室、设备层、避难层和架空层、厕所、卫生间、盥洗室、浴室和母婴室、台阶、坡道和栏杆、楼梯、电梯、自动扶梯和自动人行道、墙身和变形缝、门窗、楼地面、吊顶、管道井、烟道和通风道、室内外装修进行了统一要求。

该标准对室内环境也做出了设计要求，设计师在设计时需考虑建筑内的采光、通风、热湿、声音等环境因素。

二、《建筑设计防火规范》(民用建筑部分)

《建筑设计防火规范》内提及的内容与人民的生命财产安全密切相关，是设计师必须严格认真掌握的一本规范。该规范贯彻“预防为主，防消结合”的消防工作方针，深刻吸取了近年来我国重特大火灾事故教训，认真总结了国内外建筑防火设计实践经验和消防科技成果。

《建筑设计防火规范》根据建筑高度、使用功能、重要性和火灾扑救难度等确定了建筑的耐火等级，将耐火等级分为一、二、三、四级。该规范对建筑部位及构件提出了相应的耐火极限要求。

《建筑设计防火规范》根据建筑类型、耐火等级及防火措施，对建筑的允许建筑高度或层数、防火分区最大允许建筑面积做了规定。

民用建筑的平面布置应结合建筑的耐火等级、火灾危险性、使用功能和安全疏散等因素合理布置。对人员密集的场所、幼儿及老人经常使用的空间、医院及疗养院，设计师在平面设计时需特别慎重。

民用建筑应根据建筑高度、规模、使用功能和耐火等级等因素合理设置安全疏散和避难设施。安全出口和疏散门的位置、数量、宽度及疏散楼梯间的形式应满足人员安全疏散的要求。

该规范同时也对消防救援设施、消防设施的设置、供暖设计、通风和空气调节设计、电气（包含消防应急照明和疏散指示标志）设计等方面做出了相应的规定。

三、《建筑与市政工程无障碍通用规范》

《建筑与市政工程无障碍通用规范》是为满足残疾人、老年人等有需求的人使用的设计参照规范，消除他们在社会生活上的障碍；在保障使用安全性和便利性的同时，也需兼顾成本、环保特性和美观性；该规范要求从设计、选型、验收、调试和运行维护等环节保障无障碍通行设施、无障碍服务设施和无障碍信息交流设施的安全、功能和性能。

无障碍设施主要包含无障碍通行设施、无障碍服务设施、无障碍信息交流设施三个方面，需考虑的场所包含了城市开敞空间、建筑场地以及建筑内部。

无障碍通行设施主要对无障碍通道、轮椅坡道、无障碍出入口、门、无障碍电梯和升降平台、楼梯和台阶、扶手、无障碍机动车停车位和上/落客区、缘石坡道、盲道的设置进行了规定。

无障碍服务设施主要对公共卫生间（厕所）和无障碍厕所、公共浴室和更衣室、无障碍客房和无障碍住房、居室、轮椅席位、低位服务设施的设置进行了规定。

无障碍信息交流设施主要对无障碍标识、听觉辅助、视觉辅助、网络通信设备部件等方面做出了相关规定。

四、《建筑内部装修设计防火规范》

《建筑内部装修设计防火规范》是为规范建筑内部装修设计、减少火灾危害、保护人身和财产安全而制定的规范，适用于工业和民用建筑的内部装修防火设计，不适用于古建筑和木结构建筑的内部装修防火设计。

其主要内容是对室内装修中的材料在防火方面进行了相关规定。装修材料按其使用部位和功能，可划分为顶棚装修材料、墙面装修材料、地面装修材料、隔断装修材料、固定家具、装饰织物、其他装修装饰材料七类（其他装修装饰材料系指楼梯扶手、挂镜线、踢脚板、窗帘盒、暖气罩等）。

装修材料按其燃烧性能应划分为四个等级，见表 3–1 所示。

表 3–1 装修材料燃烧性能等级表

等级	装修材料燃烧性能
A	不燃性
B1	难燃性
B2	可燃性
B3	易燃性

同时，《建筑内部装修设计防火规范》对建筑内部各部位所用装修材料明确了其燃烧性能等级，并对常用的建筑内部装修材料按燃烧性能等级进行了初步分类。

五、《办公建筑设计标准》

《办公建筑设计标准》是专门针对办公建筑所编制的标准，是为办公建筑设计贯彻国家技术经济政策，规范办公建筑的设计，保障办公建筑安全、卫生、适用、高效而制定的标准。该标准在建筑设计、防火设计、室内环境、建筑设备等方面对办公空间设计做了详细的规定，适用于新建、扩建和改建的办公建筑设计。

（一）建筑设计

《办公建筑设计标准》针对办公建筑的选址、总体平面布置、办公建筑的组成等设定了相应标准。同时，对办公建筑内的电梯、门、窗、门厅等构件和各类功能空间在设计方面也做了相应规定。

办公建筑的走道净宽与走道长度与走道两侧的布房情况有一定关系，在设计时需保证走道的最小净宽。办公室的净高是一个非常重要的问题，该标准对各类办公建筑的净高做了相应规定。

在该标准中，对办公空间的分类、部分用房的面积大小以及使用要求从建筑设计的角度提出了规范要求。

（二）防火设计

办公建筑根据耐火等级划分为一级（A 类、B 类办公建筑）和二级（C 类办公建筑）。办公建筑的开放式、半开放式办公室，其室内任何一点至最近的安全出口的直线距离不应超过 30m。综合楼内的办公部分的疏散出入口不应与同一楼内对外的商场、营业厅、娱乐、餐饮等人员密集场所的疏散出入口共用。办公建筑疏散总净宽应按总人数计算，当无法额定总人数时，可按其建筑面积 $9m^2$/ 人计算。

办公建筑的防火设计应符合现行国家相关防火规范的有关规定。

（三）室内环境

办公建筑应满足采光、通风、保温、隔热、隔声和污染物控制等室内环境要求。办公建筑室内环境设计应执行节约能源的原则。

室内空气环境按需采用不同类别的室内空调环境设计标准，室内空气质量各项指标应符合现行国家标准《室内空气质量标准》的要求。办公建筑室内建筑材料和装修材料所产生的室内环境污染物浓度限量应符合现行国家标准《民用建筑工程室内环境污染控制规范》的规定。易产生异味或污染物的房间应与其他房间分开设置，并做好通风措施。

办公室应有自然采光，会议室宜有自然采光。办公室的采光标准及窗地比应遵循《办公建筑设计标准》的规定。办公室应避免阳光直射引起的眩光。办公室照明应满足人的视觉生理要求，满足工作的照度需要。办公室照明的相关设计可参考《建筑照明设计标准》。

办公室需要安静的工作环境，因此对各个房间的噪音需进行控制，设计时对建筑材料及空间的隔断需充分考虑。

（四）建筑设备

《办公建筑设计标准》中关于建筑设备的具体内容涉及并不多，主要针对给水排水、暖通空调、建筑电气、建筑智能化这四方面分别给出了需参考的国家标准。

第四章

办公空间的设计方法

第一节　办公空间的设计原则

办公空间设计是一个复杂的综合过程，随着社会、经济、科技的快速发展，为不断满足办公空间的有效利用性和功能实效性，办公空间设计规划逐渐形成了自身的规律，具体如下。

一、空间优化原则

空间设计是对整个空间环境的规划、界定、包装的过程，办公空间设计是在原建筑空间的基础上进行的再次优化。每个客户对所要利用的原建筑空间都有需求，而原建筑空间总有不能符合办公空间的功能要求和美学标准等问题，因此需要对原空间进行重新划分与装饰。设计师应当充分利用原空间的优势，并结合需求重新布置空间，从而实现空间优化。空间优化并不仅仅是指对平面空间的布局，还包括对立体空间的整体综合考量。

二、功能强化原则

满足办公业务开展的功能需要是办公空间设计的主要任务，也是办公空间划分布局的重要依据。办公空间功能的实现涉及三个方面的问题：使用功能、审美功能和安全需求。

（一）使用功能

办公空间的使用功能首先是满足办公业务开展的需要，其次是满足日常生活功能的需要，最后是满足休憩娱乐功能的需要。涉及办公业务开展的主要空间为办公室、会议室、接待室、门厅、资料室等；涉及生活功能的空间为厨房、餐厅、卫生间、茶水间等；涉及休憩娱乐的空间为休息室、活动室等。

（二）审美功能

办公空间除了满足使用功能外，同样需要满足企业形象物化和人性心理美化的审美功能，能为员工和客户提供良好的工作氛围，间接提高工作效率。审美功能的实现涉及空间布局、企业 VI 的展示、灯光、色彩的应用，同样是一项需要综合协调的设计工作。

（三）安全需求

办公空间作为公共空间之一，使用的对象为各类办公人群，保障这些人群的生命安全是一项至关重要的工作。在办公空间设计中，对人员密集的过道、室内空间的出入口、楼电梯、各种扶手、围杆、层高，包括基础设施及消防设施的水、电等，不仅需要满足使用功能以及视觉审美要求，更应强调安全性，设计时应严格遵循设计规范标准，确保生命、财产安全。此外，在设计中还需考虑工作人员的心理安全需求，在空间的私密性、领域感、色彩象征性等方面进行设计思考，起到适当舒缓工作压力的作用。

三、以人为本原则

以人为本是设计中最根本的原则之一，它要求人们在各项活动中坚持一切以人为核心，以人的权利为根本，强调人的主观能动性，力求实现人的全面、自由发展。其实质就是充分肯定人在各项活动中的主体地位和作用。在办公空间设计中，以人为本原则主要关注以下两方面的内容。

（一）人的工作环境与状态

办公空间中各项活动是以人的工作开展为重点，关注人的工作状态。

设计师要针对企业的特点、工作规律和工作需求全面分析，为使用者求得完善的办公模式并满足多重的工作需要。办公空间设计属于工程设计，是艺术与技术的结合，因此使用者对办公室内环境既有功能价值的需求，也有艺术审美的需求，需兼顾功能性与舒适性。

在设计时，设计师应当融入自己的情感，用图形、色彩和最直观的手段尝试将企业文化与地域文化体现在设计方案中，使人对企业与公司产生认同感与归属感，从而激发人们的工作热情。室内环境的这种心理功效，较其他艺术更能支配人的情感，使室内设计超越了单纯的实用功能而注重内涵的表现和意境创造。

（二）人的活动规律与尺度

“人”是办公业务中的主体，如何让“人”工作地更加顺畅？这需要考虑人在办公时的活动规律和活动尺度。针对各种不同活动的需要，设计师需采用适当的形式和正确的设计手法。

在室内陈设设计中，家具是重要的设计内容，办公空间布局很大程度上取决于家具的设计与布置，家具的尺寸直接影响使用的便捷性与舒适度。同时，家具还是构成室内空间环境氛围的要素，它与室内设计风格的形成密不可分。人、家具、空间构成了办公环境的有机整体。

四、与时俱进原则

办公空间设计是一个复杂的过程，它要求设计师具备渊博的人文知识以及各种不同的相关专业知识。只有具备这些知识，设计师才能真正全方位、人性化地进行设计思考。同时，办公空间设计也需要创新、求新、求异。对办公空间的认识不应停留在原有的认知范畴内，而是需要进行重新认识，由此才会产生新的见解、新的突破和新的设计，得出创新性的设计成果。现今社会，科技与信息化给办公空间设计带来了更多冲击，引发了更多的思考，它促使办公模式不断优化，人们的工作理念也在不断更新。现代科学的各种成就和现代艺术的各种手法为设计师进行艺术创作提供了良好的条件。作为设计师，要敢于对人们司空见惯的办公空间设计模式提出怀疑，勇于向旧的传统和习惯挑战，才能打破限制，获得新的设计灵感。只有把握及利用好各种科技、人文、艺术元素，重视室内每个细部与艺术刻画，多维度地思考设计问题，才能使办公空间整体协调统一。

第二节　办公空间的基本设计方法

办公空间设计涉及多门学科，其设计内容也涉及诸多方面。从整体而言，办公空间设计涉及国家的方针政策；从使用功能而言，涉及以人为本原则；从建造而言，涉及各种技术规范和安全防火等条例；从经济而言，涉及成本、人工及维护等；从设计角度考虑，涉及空间功能规划与空间美学。

办公空间设计有相对应的市场业态，将从事办公设计工作的学生需要了解办公空间设计的内容、原理与规律，掌握设计的方法与程序。办公空间设计的方法主要有以下几个。

一、时空定位、标准定位

时空定位也就是说设计的办公环境应该考虑所设计的环境的位置所在，是国内还是国外、南方还是北方、城市还是乡镇，以及要考虑设计空间的周围环境、地域空间环境和地域文化等。

标准定位是指办公空间设计、装饰装修的总投入和单方造价标准（指核算成每平方米的造价标准），这涉及办公环境的规模，各装饰界面选用的材质品种，采用设施、设备、家具、灯具、陈设品的档次等。

二、大处着眼、细处着手，总体与细部深入推敲

大处着眼是办公空间设计应该考虑的基本观点。大处着眼也就是以办公空间设计的总体定位及框架为切入点，这样能使设计的起点比较高，有一个全局观念。细处着手是指具体进行设计时，必须根据办公空间的使用性质深入调查、收集信息，掌握必要的资料和数据，从最基本的人体尺度、人流动线、活动范围和特点、家具与设备的尺寸和使用空间等着手。只有这样，设计才能深入，并比较符合客观实际的需要。

三、从里到外、从外到里，局部与整体协调统一

建筑师 A. 依可尼可夫曾说：“任何建筑创作，应是内部构成因素和外部联系之间相互作用的结果。”也就是“从里到外，从外到里”。

办公空间的“里”和其他室内环境，以及建筑室外环境的“外”，它们之间有着相互依存的密切关系。设计时需要从里到外，从外到里多次反复协调，从而使设计更趋完善合理。办公空间作为室内环境，既要与建筑整体的性质、标准、风格协调统一，也要与室外环境协调统一。

四、意在笔先或笔意同步，立意与表达并重

意在笔先原指创作绘画时必须先有立意，即深思熟虑，有了想法后再动笔，也就是说设计的构思、立意至关重要。可以说，一项办公空间设计，没有立意就等于没有“灵魂”，设计的难度也往往在于要有一个好的构思。具体设计时意在笔先固然好，但是一个较为成熟的构思往往需要足够的信息量，需要有商讨和思考的时间，因此有时也可以边动笔边构思，即所谓笔意同步，在设计过程中使立意和构思逐步明确，但即使如此，关键仍然是要有一个好的构思。

对于办公空间设计师来说，必须正确、完整、有表现力地表达出办公空间设计的构思和意图，使业主、施工人员、合作团队和评审人员能够通过图纸、模型、说明等表达手段全面地了解设计意图。

五、抽象思维与形象思维有机结合

在进入专业学习之前，学生普遍习惯于理工科逻辑思维或纯绘画艺术形象思维，创造性设计思维能力还比较薄弱，找不到形成设计思维语言的途径，因此认识办公空间设计思维方式非常必要，常见方式有：设计思维渠道、对比综合分析过程、图解形象思维方式。

（一）设计思维渠道：其包含形象联想和概念联想

形象联想是以某种关联形象为联想的出发点，通过形象的结构、形状、质感、颜色的关系，整体与局部、原因与结果、内容与形式的关系，形象与形象之间相同、相近、相反的关系，海阔天空、跳跃式地去联想。抓住可能发展出的每一个结果和变化去展开，最后达成新的派生形象，成为设计的母体符号。

概念联想是指事物的概念，指一种理念，一种风格，一种时尚，或是一句简单的词语。设计师运用类推、抽象、转化等联想思维，把它转换成新的设计概念。在设计阶段，设计师不妨从与方案有关的几个方向去打开思路：艺术风格、空间形式、建筑构件、文化风格、CI 策划等。

（二）对比综合分析过程

在办公空间设计过程中，一个方案的诞生常需要设计师对多种方案进行分析，比较出优劣，筛选出精华，然后决定设计发展的方向。有时也可采用综合的手法，将几种设计方

案取长补短，经过提炼优化整合为一个新方案。

(三）图解形象思维方式

办公空间设计是一种图形创意设计，设计师依赖图形语言与外界交流自己的设计意图，借助于图形开展创作。同时，图形在很大程度上可以促进思维的发展。图解思维就是把设计内容进行图形抽象化，通过点、线、面这些抽象化的构成元素对空间形态与相互关系进行分析。在设计中，图解思维方式主要通过三类图形来达到思维的完善：第一类，平面和立面空间界面样式草图。此类主要规划室内功能布局、空间形状和尺度，家具、陈设及设备布局的平面图，对以上设计要素通过多张草图反复论证比较，进行图解分析思维，促进设计者思维活动的深化、扩展和完善；第二类，透视图解方式。设计师常常需要面对没有空间想象力的客户，用平面正投图解分析方式难以令对方明晰其设计意图，通过三维透视的错觉空间来表述设计思维可以令客户直观而清晰地看到最后的空间效果，三维透视图解方式根据观看角度和视线的变化可分为平行透视图、成角透视图、斜角透视图和轴测透视图等，也可以是很随意的草图形式，其目的就是为了达到图解思维设计的表述；第三类，抽象几何平面图解方式。它常用于概念设计阶段，把实际空间中的走道、功能空间，抽象为简单的几何形体与线条，从而表达各空间的相互关系、相互联系及大致方位。

第三节　办公空间的设计思路

一、空间布置

(一）设计前期的思考

设计前期，设计师通过与客户交流了解客户的需求，根据客户的人事组织架构考虑办公室的数量、形式及大小；根据客户的业务流程及业务特点考虑公共空间、辅助空间的内容及面积；根据原始办公空间的尺度、形状及环境考虑各功能的平面布置，并进行交通组织；同时，查阅相关规范，规避设计遗漏。在充分交流与准备的前提下，设计师开始平面布置，同时思考立面风格。

(二）功能区域的规划

办公空间内的各个功能区域首先要符合工作和使用方便的设计原则。从业务流程的角度考虑，通常其空间序列应是门厅—接待区—洽谈区—会议室—工作人员办公空间—审阅区—业务领导办公室—高级领导办公室—董事长办公室。此外，根据功能需求，还可设置其他附属功能空间，如茶水间、活动室、卫生间、储藏室等。常见的功能平面布置图有：功能区域划分图（见图 4–1）及平面布置图（见图 4–2）等。

功能区域的划分需着重考虑两点：功能区的划分；空间分隔形式。

1. 功能区划分的设计要点

（1）尽可能全面地考虑各个功能区的存在，使办公空间的利用效率最大化。在受客观条件的限制下要学会一区多用或是放弃，放弃的前提是尽量保证不影响使用功能。

（2）在有限的空间中尽可能容纳更多的员工，公司的业务运作主要依靠员工来完成。大部分情况下，员工数量决定了公司的总体规模和生产总值。

（3）每个功能区的面积以够用为宜，不要盲目求大；但也不要因为太小而影响使用功能。

A / 独立办公室
B / 公共办公区
C / 会议室
D / 独立洽谈室
E / 活动共享区
F / 接待台
G / 公共服务区
H / 洗手间
电梯 / 安全通道

图 4-1　办公功能区域划分图［宁波雪域凌云联合办公空间，玉米工程设计（宁波）有限公司（简称玉米）设计］

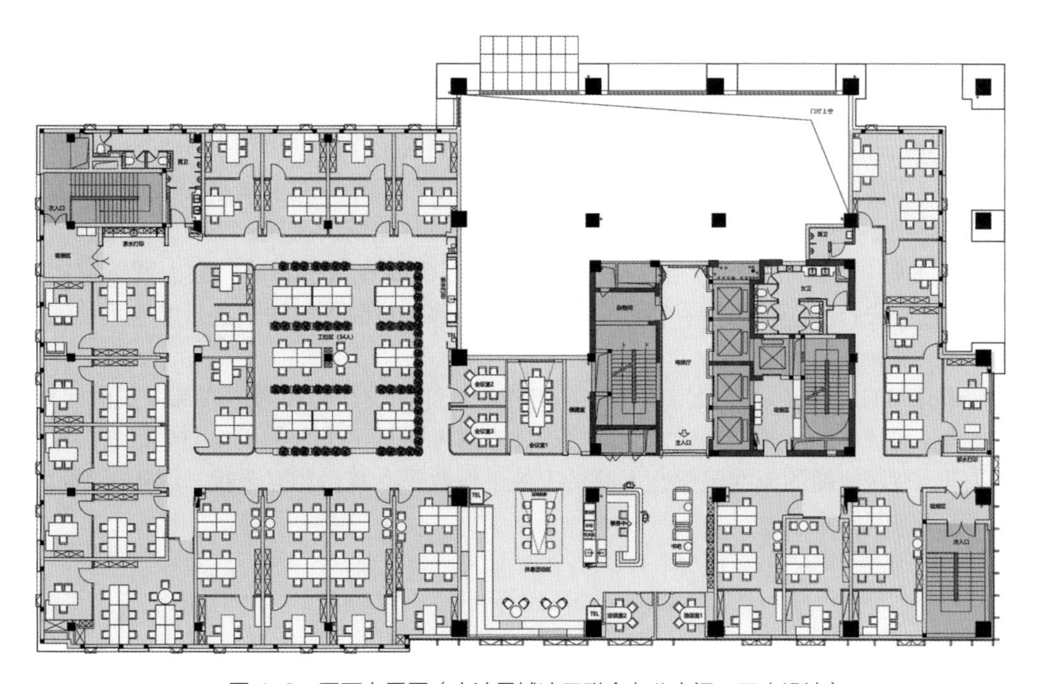

图 4-2　平面布置图（宁波雪域凌云联合办公空间，玉米设计）

（4）充分考虑办公辅助设施，以提高员工的工作热情。

（5）在空间划分上要注意空间序列的主次以及空间流线的顺畅便捷。

2. 空间分隔形式

空间分隔就是指对各功能区域进行空间限定，室内空间的分隔有其自身的规律，但更多地取决于设计师对空间分隔的创意和空间敏感性。常用的空间分隔形式可分为以下三种。

（1）完全分隔：用顶天立地的承重墙或轻质隔断墙分隔空间。这种分隔方式限定度高，分隔界限明确，封闭性强，与外界缺乏交流。

（2）局部分隔：用屏风、翼墙、较高的家具或不到顶的隔墙划分空间。局部分隔限定程度的高低与分隔体的大小、形态、材质有关，其特点是视线上受干扰小，但声音和空间均是流动的。

（3）象征性分隔：用低矮的饰面、家具、绿化、水体、悬垂物以及色彩、材质、光线、高差、音响、气味等元素，或是建筑中的柱列、花格、构架、玻璃等通透隔断来分隔空间，这种或有或无的分隔称为象征性分隔。这种分隔方式对空间的限定程度较低，空间界面模糊，具有象征性分隔的心理作用。在空间分割上是隔而不断，似隔非隔，层次感丰富，意境深远。

二、动线组织

办公空间内部的交通设计要从使用者的角度考虑，一般办公空间的使用者包括两方面人员：一是内部人员，包括普通员工、各级管理者及服务人员；二是访客，包括合作伙伴、上级部门、临时到访人员。

（一）内部人员动线分析

内部人员是办公空间使用的主体，往往一整天都在办公空间内活动。内部人员早晨到达公司后首先进行考勤，然后去存放个人物品或去更换工作服，再到个人办公桌前开始一天的工作。工作过程中，与同事进行交流、向领导汇报工作、对下属进行工作安排，这些活动有可能在办公空室内完成，也可能在会议空间或其他场所完成。当有外来访客时，则需要去接待室、会议室进行接待、商洽和沟通；当需要查阅资料时，会去阅览室或档案室；当然也会去打印一些工作资料；工作之余，内部人员需要解决一些日常生活所需，比如饮水、就餐、上厕所等。

内部员工的工作是以办公室为核心，向各处延伸。设计师在考虑内部人员的流线时，既要根据公司整体的业务开展设定空间序列，也需考虑员工个人的工作与生活所需配备的辅助空间，有序便捷的流线组织会提高员工的工作效率，减少相互干扰。图 4–3 所示为内部人员活动空间示意图。

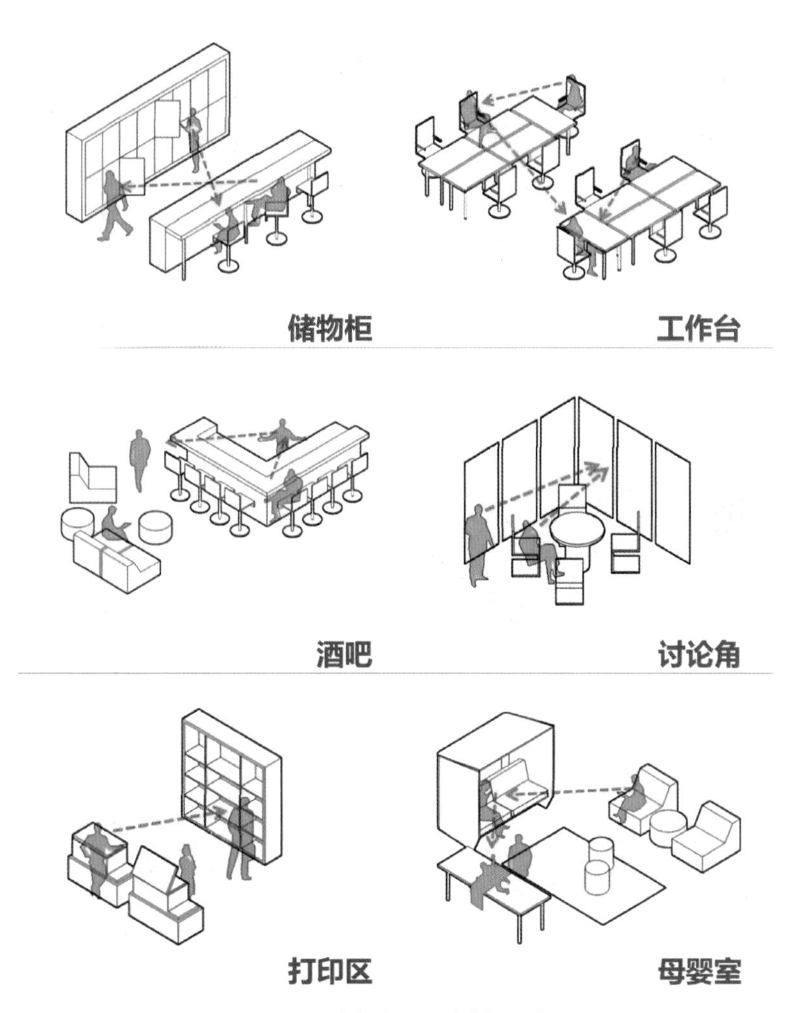

图 4-3 内部人员活动空间示意图

（二）访客动线分析

公司业务的来访客人一般分为两类：客户与供应商。

客户到访，一般的活动是参观、商务洽谈、督促工作；因此对于初次到访的客户，公司员工往往会带其参观公司的产品、介绍公司的发展史、介绍公司的主要业务与人员；对于准备签约的客户，则会演示客户所需产品，商谈签约细节与工作程序；对于正在合作的客户，则会介绍工作进度、商谈下一步的工作计划。

供应商到访，一般的活动是介绍产品、商谈合作、交接产品成果。初次来访的供应商会介绍产品，商谈可能合作的领域；准备合作的供应商会商谈合作协议、工作计划、质量要求；合作过程中的供应商则会来提供产品样本，讨论工作进度以及付款进度。

无论哪一类访客，都需要接待、交流。但谁来接待、在何处交流，则需要设计师在空间设计时进行预判，合理设置访客动线，满足访客的商务活动，同时避免访客对正常工作造成干扰。图 4-4 所示为访客活动空间示意图。

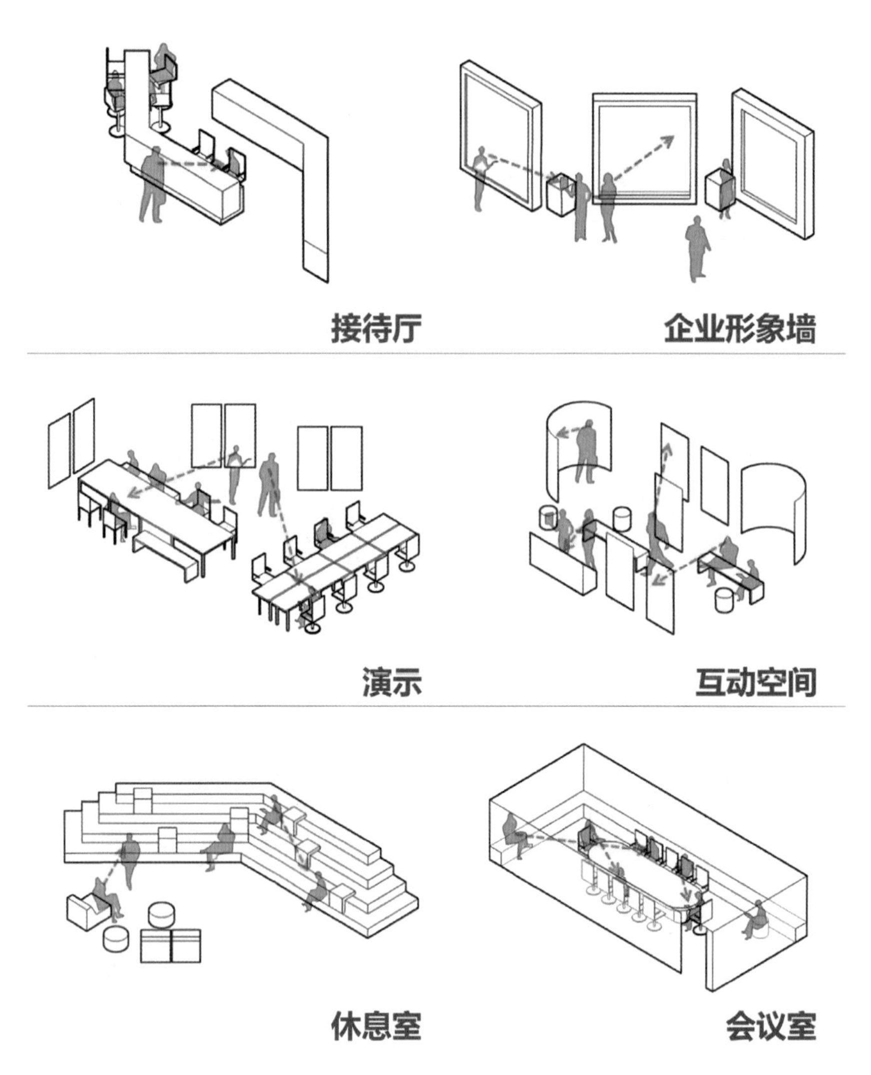

图 4-4　访客活动空间示意图

三、环境因素的考量

声、光、水、空气等设计因素在设计中往往不能在平面中充分表达，但在实际使用中却是不可或缺的。所以设计师在设计思考时，也要考虑这些设计因素对设计方案的影响。

例如：茶水间、卫生间、厨房等空间都会涉及给排水的问题，这时需考虑冷热供水、污水排放等问题。这些用水设备的管线、管井的布置在方案平面布置图中并不表达，但设计师需要考虑给排水的因素，合理布置茶水间、厨房、卫生间的空间布局，在保障这些空间及内部设备正常使用的同时，尽可能缩短管线长度，节约耗材。在考虑空调设备时，也同样需要考虑空调的制冷制热范围、开敞空间与独立空间的空调管理、空气循环等问题（见图 4–5）。

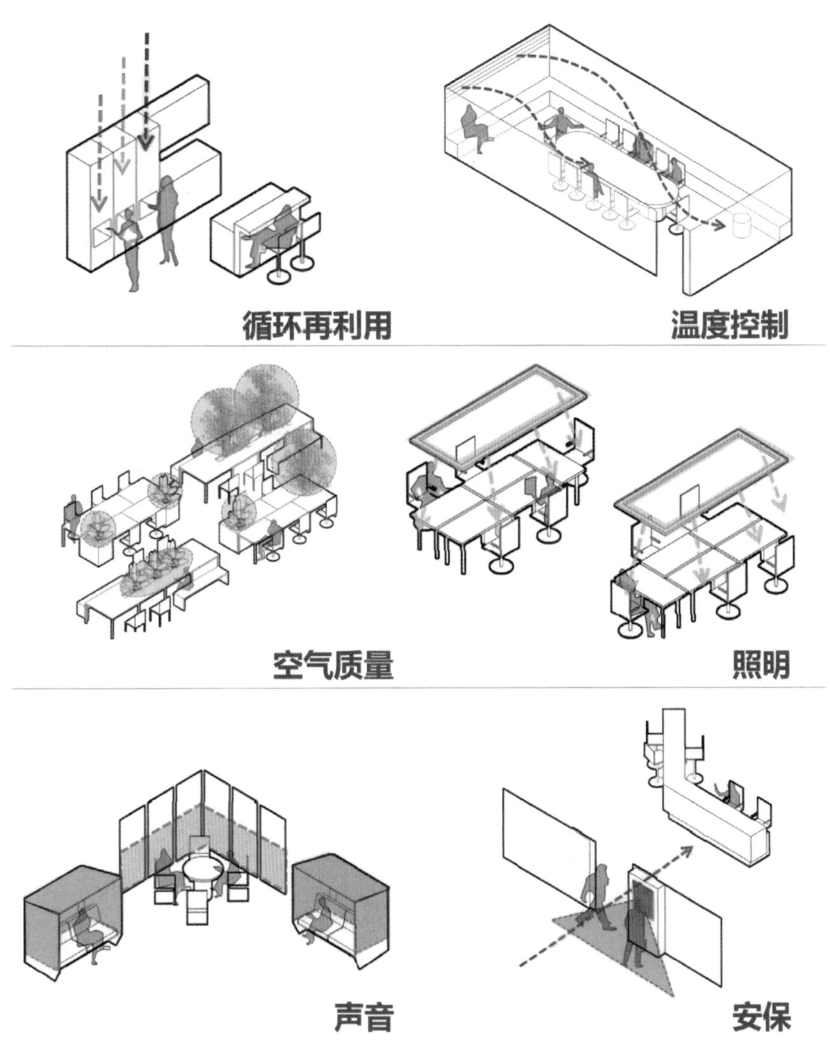

图 4-5　环境因素的考量

四、扩展性思考

办公空间的设计，除基本功能需求及交通组织的思考外，也需要在此基础上，对空间使用进行一些扩展性思考。通过这些思考，往往能更有效地利用空间、提高员工的工作效率，同时也能体现企业文化。

通常我们的会议室是封闭空间，办公室的大部分使用功能是在水平面上进行的，这种空间形式我们司空见惯，觉得合理但缺乏特色。但如果把楼梯、开放式的交流、立体式的展示三者融合在一起，就形成了台阶式的多功能综合空间。也许我们能在下面的图片中找到更多的启发（见图 4-6）。

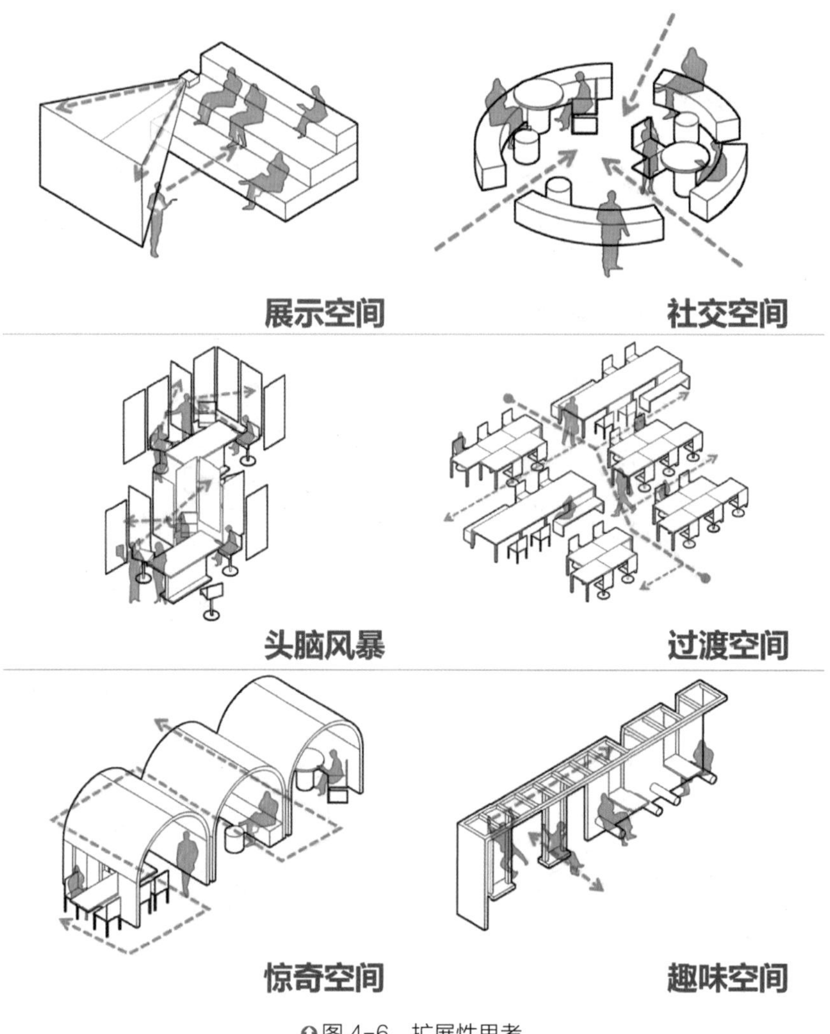

图 4-6　扩展性思考

第四节　主要功能空间的设计

办公空间是人们开展办公业务的场所，不同的业务类型所需的功能空间组成也有所不同，其中相对重要的功能空间为办公室、会议室、门厅等。以下是针对这些空间，讨论设计时需要重点考虑的一些问题。

一、办公室设计

使用对象、使用性质、管理方式和家具规格的不同决定了办公室空间的类型和组合方式不同。设计办公室时要综合考虑内部环境的舒适性、安全性、高效率、低能耗等因素，在满足设计规范的基础上，充分体现办公室的功能价值、经济价值、美学价值、人文价值和生态价值。空间界面的处理、办公家具的布置是办公室空间布局的主要内容。

（一）办公室室内设计的要点

办公室室内设计旨在创造一个良好的办公环境。一个成功的办公室室内设计需在室内划分、平面布置、界面处理、采光及照明、色彩的选择、氛围的营造等方面做通盘的考虑。

（1）平面的布置应充分考虑家具及设备占用的尺寸、员工使用家具及设备时必要的活动尺度、各类办公组合方式所必需的尺寸。

（2）根据空调使用、人工照明和声音方面的要求及人在空间中的心理需求，办公室要保持一定的室内净高。智能化的办公室室内净高甲级为 2.7m，乙级为 2.6m，丙级为 2.5m。

（3）办公室室内界面处理宜简洁，着重营造宁静的气氛，并应考虑便于各种管线的铺设、更换、维护、连接等需求。隔断屏风应选择适宜的高度，如需保证空间的连续性，可根据工作单元及办公组团的大小规模来合理选择。

（4）办公室的室内色彩设计一般宜淡雅，各界面的材质选择应便于清洁并可以满足一些特殊的使用要求；办公室的照明一般采用人工照明和混合照明的方式，一般照度不应低于 1 001x。不同的办公室有不同的照明要求，通常好的照明条件是既有大面积均匀柔和的背景光又有局部点状的工作辅助照明。

（二）独立办公室与开放式办公室设计的区别

1. 独立办公室设计

管理人员的办公室以及一些有保密需求的办公室，往往因工作业务需要采用独用办公室设计，具有较高的私密性，有一定的隔音要求。独立办公室设计与具体的办公人员的级别地位有直接联系，可根据工作职位、访问者人数等确定面积与设计风格。独立办公室平面布置应选通风、采光条件较好，方便工作的位置；这类办公室的面积相对宽敞，家具型号较大，办公椅后面可设装饰柜或书柜，增加文化气氛和豪华感。办公桌前通常有接待洽谈椅；面积较大时可设带沙发、茶几的谈话和休息区。根据业务需要，有时还可配置秘书间、专用会议室、会客室、卫生间和休息室等。装饰风格宜庄重典雅，体现企业的形象和实力。图 4-7 所示为总裁办公室设计示意图。

图 4-7　总裁办公室［西安惠尔集团总部办公室，行维新筑（北京）科技有限公司（简称行维新筑）设计］

2. 开放式办公室设计

开放式办公室是一个开敞的空间，由若干员工及管理人员共同使用，空间大且无封闭分隔，开放的布局可以获得更广的视野，交通面积较少，但私密性偏弱且员工相互会有一定干扰，对吸音有一定要求。

开放式办公室应按照各种业态的工作流程及环境要求布局，各员工的办公位置根据工作流程组合在一起，各工作单元及办公组团内联系密切，利于统一管理，办公设施及设备较为完善，平面布局形式一般按几何形式整齐排列。

开放式办公室强调员工之间的平等、自由的工作关系，强调信息交流的功能，有较高的灵活性和利用度，有助于简化管理，提高员工的工作效率。装饰风格宜时尚轻松，体现企业的活力和效率。图 4–8 至图 4–10 所示为开放式办公室设计示意图。

图 4-8　开放式办公室——多元办公（西安惠尔集团总部办公室，行维新筑设计）

图 4-9　开放式办公室——舒适的氛围［新东方北京海兴办公室，北京昱华建筑设计咨询有限公司（简称昱华建筑）设计］

图 4-10　开放式办公室——灵活的座位［美国盖茨集团（上海）有限公司上海办公室，晋泽（上海）建筑设计工程有限公司（简称 JAXDA）设计］

二、会议室设计

会议室在现代办公室中具有举足轻重的地位。在现代公务或商务活动中，召开各种会议是必不可少的。从某种意义上说，会议室是公司对外形象与实力的集中体现。对于公司内部来讲，则是管理层之间交流的场所之一。会议室的室内设计首先要从功能出发，满足人们视觉、听觉及舒适度的要求。

会议室是用来议事、协商的空间，它可以为管理者安排工作和员工讨论工作提供场所，有时还可以承担培训和会客的功能。会议室一般空间相对比较规整，设计时需综合考虑结构、层高、安全疏散、设备、视线及视听设施等因素。会议室内一般配置多媒体设备和桌椅，须根据人数的多少、会议的形式、会议的级别、屏幕和讲台的关系等因素来确定座位布置形式。会议室的面积应根据平均出席的人数确定，空间形态和装饰用材应考虑室内声学效果。

（一）会议室的类型

（1）按空间尺寸及使用人数，正式的会议室分为小型会议室、中型会议室、大型会议室。

（2）按空间闭合程度，会议室可分为封闭型会议室和非封闭型会议室。

（3）按使用功能要求，会议室可分为普通（功能）会议室和多功能会议室。

（二）会议室的平面布置

会议室的布置以简洁、实用、美观为主，布置的中心是会议桌，其形状大多为方形、圆形、矩形、半圆形、三角形、梯形、菱形、六角形、八角形、L 形、U 形和 S 形等。

（三）会议室的室内设计

1. 会议室的空间及界面处理

会议室由六个围合界面组成了基本的会议空间。在这个空间中，占中心地位的是功能空间，即由会议桌和会议椅组成的会议空间。会议室家具的款式和造型往往决定了空间的基本风格，空间界面应围绕这个中心展开。顶棚的主要作用是提供照明并通过造型来形成虚拟空间，增加向心力（见图 4–11）。地面一般作为一个完整界面来处理，如有需要也可通过不同材质或利用不同标志来划分各区域。首长座的背面和正面通常可设计成引人注目的形象背景，同时，这些区域也适宜合理设置视听设备，以满足各种会议和活动的需求。

2. 会议室的色彩和灯光处理

会议室的灯光具有双重功能：一是它能提供所需的照明；二是它还可利用光和影进行室内空间的二次创造。灯光的利用形式丰富，从尖利的小针点到漫无边际的无定形式，我们应该用各种照明装置，在恰当的部位，以生动的光影效果来丰富室内的空间（见图 4–12）。

三、门厅设计

门厅是客户造访对企业形成第一印象的场所，一定程度上体现了整个办公空间的设计风格。门厅是连接办公内外空间的枢纽，一般有接待、收发、咨询等服务性功能，设计时需要对企业形象有准确的定位，并清晰地将企业文化内涵表现出来。在门厅范围内，可根

图 4–11　企业会议室［晨光文具上海总部会议室，深圳麦格霍普设计顾问有限公司（简称 MAG studio）设计］

图 4-12 多功能会议室［英科医疗全球营销中心上海办公室，北京一工建筑工程有限公司（简称 Robarts Spaces/一工）设计］

据需要在合适的位置设置接待台和等候休息区，还可以安排一些绿化小品和装饰品陈列区（见图 4-13）。设计时需注意以下几个方面。

（一）完整性

为了使人形成完整的第一印象，门厅需要有比较明确的空间界定。尤其对于没有完整界面的入口空间，需要利用装饰构件进行围合，或者将地板、天花板设置成不同的高度以限定空间。在保证门厅完整性的同时，还要注意内外空间的相互渗透，形成自然的过渡关系。

（二）导向性

为了更好地疏导各类人员，门厅必须有明确的导向性。具有明显方向性的地面铺装、天花板造型以及空间形式等都能够很好地起到引导人流的作用。

（三）艺术性

门厅的艺术性主要表现在其空间的形状、大小、界面的色彩、材质及装饰设计及对企业文化的体现上。门厅的接待空间除了满足其基本功能外，还要对其进行重点的艺术处理，如对公司的标识处理、标准颜色应用等，结合灯光处理，强化个性形象。

图 4-13　门厅（太古地产中国办公室，Robarts Spaces/一工设计）

图 4-14　接待室——亲切的家居氛围（西安惠尔集团总部办公室，行维新筑设计）

四、接待室设计

接待室是为来访者提供休息、等候与洽谈功能的空间（见图 4–14）。接待室可以与门厅或会议室相连，有比较便捷的交通，同时不会影响内部工作流程，也可以与高层管理人员办公室结合，方便管理者接待重要客户。接待室也可以体现一个企业的形象，其空间设计要反映出一个企业的行业特征和企业管理文化。

五、休憩空间设计

办公空间设计中，为了解决员工长时间工作所产生的精神上和生理上的疲惫，需要提供休息、娱乐、解压的空间，这是办公空间人性化的重要体现（见图 4–15、图 4–16）。休憩空间的主要形式有休息室、咖啡厅、健身区和一些散布的休息座椅，其位置应远离工作区，并尽可能地靠近建筑物外墙，有自然通风和采光，以为员工提供良好的休憩环境。休憩空间造型亲切、活泼，应选择自然的材质进行装饰，内部设置丰富的绿化，并提供适合不同人数休息的座椅和简单的娱乐设施，使员工身心得到彻底的放松。

图 4-15　休闲区（碧然德上海总部办公室，FTA 设计，吴鉴泉摄影）

图 4-16　健身区（晨光文具上海总部办公室，MAG studio 设计）

一些办公空间还会设置简易的就餐区，为员工提供自助餐等简单的饭菜，是非商业性的，设计风格应尽量清爽、简洁。根据需要，还可以设置简易厨房设备，供员工简单制作食品。

六、展示空间设计

办公空间中的展示区主要是用来陈设公司的历史资料、产品及发展规划等（见图 4-17、图 4-18）。在设计中，展示环境要同周围的环境、气氛相统一并表现出个性及独特的构思。展示方式以开放式为主，注重声、光、电的综合运用，以加深观众印象。在色彩方面，展示空间应有主题色，企业的标志色、商标标准色的应用能够使展示内容更加

图 4-17　产品展示区［美国盖茨集团（上海）有限公司上海办公室，JAXDA 设计］

图 4-18　展示大厅（万集科技顺义产业园共享办公空间，艾迪尔设计）

突出，此外，运用色彩之间的对比，能够优化展品的视觉效果。在照明方面，需考虑大空间的一般照明以及适用于展品的局部照明，将光线分为气氛光、形象光、导向光等进行组织。展示的设置也并不局限于一定的区域，巧妙的设计能够让人不经意地、随时地感受到产品的存在，它融合在办公、会议、交通、休憩等各个空间中，既是空间中的装饰，又是形象的展示。

七、走廊设计

作为连接各功能区的水平交通空间，走廊的设计日益得到重视。走廊空间是人员活动较多的区域，走道宽度不宜过窄，光照亮度不宜太暗，顶棚设计宜规整简洁，地面一般采用灰色或深色。

现代办公走廊的空间形态多样，引入了弧形墙、不规则几何形体等界面，配以丰富的装饰、鲜明的色彩，呈现出很强的动态性、导向性和趣味性（见图 4–19）。一些办公空间还将室内走廊室外化，通过局部的透空处理，设置相应的绿化小品以及灯光照明等，使员工在行走过程中得到放松。走廊还可以同其他空间如办公室、休憩空间、展示空间等共同构成复合空间，大大丰富空间的层次。

图 4-19　多功能走廊（碧然德上海总部办公室，FTA 设计，吴鉴泉摄影）

八、楼梯设计

室内增设的楼梯由于受规范约束较小，有宽裕的变化余地。它常以特殊的尺度、体量、变化的空间方位、多样的结构形式和可塑的装饰手段在办公空间的内部处理中起着极其重要的作用，有时甚至是整个空间的视觉焦点。开敞式的楼梯可以在不同高度创造出多层次的空间，一个位置适当的楼梯不但能够联系上下空间，还能起到划分水平空间的作用。

楼梯位置宜设置在门厅附近或开敞空间内，楼梯在分散人流组织交通的同时，也能丰富空间层次，增加上下层间的联系（见图 4–20、图 4–21）。楼梯的形式可采用方形的单跑楼梯或双跑楼梯，也可采用弧形的螺旋楼梯。常用的楼梯的材料有钢木结合、混凝土 +

图 4-20　楼梯——空间视觉焦点 [ZODIAC-ALL INN“凹空间”文化创意产业集成孵化中心，上海悉地工程设计顾问有限公司（简称 CCDI 卝智室内设计中心）设计]

图 4-21　楼梯——社交大阶梯（晨光文具上海总部办公室，MAG studio 设计）

玻璃、金属 + 玻璃等。楼梯可以是单一的交通功能，也可以与展示、休憩等功能结合，形成多功能复合楼梯。

第五节　墙、地、顶的基本设计

一、地面装饰设计及使用材料

办公空间设计中，地面是室内空间的水平限定底界面，位于视平面的最低处，是室内固定荷载与活动荷载的承载面，地面的装饰对于办公室装修设计整体效果起到非常重要的作用，楼地面一般由承担荷载的结构层和满足使用功能的装饰面层组成。地面装饰在设计时需充分考虑坚固耐磨、耐水、耐酸碱、防滑、便于清洁与维护、减少噪音、避免不必要的高差与视错、保障工作环境的安全舒适等问题。

根据材料的不同，办公空间地面装饰设计常见类型有以下几种。

（一）天然石或陶瓷地砖

办公空间地面装饰的天然石材有花岗岩、大理石、青石板等，花岗岩硬度较大，适合做地面材料，大理石硬度低但花纹漂亮，可做地面的拼花图案（见图 4–22）。石材地面花纹自然，富丽堂皇、细腻光洁。在办公空间装修中，石材更多的用在门厅、楼梯、外通道等地方，以提高装修档次。

天然石材经粗加工后可制成 20～30mm 厚的大料块材，对其表面进行抛光或烧毛处理后，可根据设计尺寸进行切割，将石材运输到施工现场铺贴，铺贴时要对花纹，并紧拼对

图 4-22　大理石地面（上海耀乘健康科技有限公司上海办公室，赫韬建设设计，李凌摄影）

缝，接缝小于 1mm，用干水泥勾缝，其构造做法分为湿铺法和干铺法。

陶瓷地砖具有质地坚硬、耐磨、耐脏，清洁简单、花纹均匀整洁的特点，并且造价远远低于天然石材，在办公空间中用得较多（见图 4-23）。陶瓷地砖都在工厂生产制作，厚度在 5mm 左右，运输到施工现场铺贴。近年来，市场上推出密度较高的地砖，例如：玻化系列地砖、微粉系列地砖、微晶系列地砖，都可采用干铺法铺贴。

图 4-23 地砖［领英上海办公室，穆氏建筑设计（上海）有限公司（简称穆氏建筑）设计］

（二）木地板

办公室内常用的木地板主要分实木地板、强化地板和实木复合地板。其中实木地板是由天然木材经烘干、加工后形成的，又称原木地板，需要架空铺设。强化地板也称浸渍纸层压木质地板，由耐磨层、装饰层、高密度基材层、平衡（防潮）层组成，价格选择范围大，适用范围广，花色品种多，脚感没有实木地板好，存在一定的甲醛释放问题。实木复合地板是将优质实木锯切刨切成表面板、蕊板和底板单片，然后将三种单片依照纵向、横向、纵向三维排列方法，用胶水粘贴起来，并在高温下压制成板，分三层和多层两种，多层实木地板耐热性强，不易变形，因此可用于地热地板。

木地板多被用于高档和周围环境干净的办公室，因其吸潮和不易产生静电的好处，也常常被用于计算机室和高级设备室的地面。地面铺木地板显得外观清新而优雅，隔热保温性能好，脚感舒适、纹理自然、环保、冬暖夏凉，触感好，弹性好、有良好隔音、吸音、绝缘性能，给空间环境以自然、温暖、亲切的感觉（见图 4-24）。

（三）地毯

地毯具有吸音、隔声、保温、改善空气质量、隔热、防滑、脚感舒适等优点，它的图案丰富，可以起到较好的装饰效果。

地毯的分类有很多，按原料可分为天然纤维、化学纤维及混纺三种。其中天然纤维有

图 4-24　木地板（英科医疗全球营销中心上海办公室，Robarts Spaces/ 一工公司设计）

羊毛、真丝、棉和黄麻等；化学纤维有黏胶短纤、尼龙 BCF 长丝及短纤、腈纶短纤、丙纶 BCF 长丝及短纤和涤纶短纤；混纺有羊毛 + 尼龙、羊毛 + 黏胶、羊毛 + 腈纶、羊毛 + 涤纶和羊毛 + 黄麻等。

地毯的铺设施工比较方便，最主要的是它非常适合办公空间的需要，可在下面铺设电话线、网线等。常用的铺设方式可分为固定铺设与不固定铺设。其中固定铺设又可分为三种：粘贴法、卡钩固定法和压条固定法。地毯的铺设范围可以是满铺铺设（见图 4–25），也可以是局部铺设。

（四）环氧树脂地坪

环氧树脂地坪（见图 4–26）整体比较平整，不会出现起尘、起沙的问题；施工时整体浇筑，所以就不存在有缝隙的问题，后期清洁也比较简单；环氧树脂地坪具有防水、防霉、抗渗的效果；耐磨度比较高，有比较好的韧性，不容易出现开裂的问题，且价格较低。

环氧树脂地坪是将环氧树脂和硬化剂配合，加入骨料、颜料，搅拌混合均匀，在硬化前，用抹子、刷子、滚筒、机械抹子等工具在平层上边压边弄平，施工过程即是铺设过程，也是干燥固化的化学反应过程，这个期间原材料会产生质的变化，由原来的液态慢慢变成固态，并紧密附着在原地板面上，与楼板结合为一体。

⋒图 4-25　地毯——降低噪音（西安惠尔集团总部办公室，行维新筑设计）

⋒图 4-26　环氧树脂地面（ZODIAC-ALL INN“凹空间”文化创意产业集成孵化中心，CCDI 卝智室内设计中心设计）

（五）水磨石地坪

水磨石地坪环保、美观、可靠、设计性强。现代水磨石地坪可塑性和可设计性强，可根据设计要求现场浇灌和打磨，适合特殊造型和定制化理念。水磨石地坪有现浇水磨石地坪和预制水磨石地坪两种。现浇模式施工周期略长，整体性较好，对原地面要求较低；预制模式由于主要板材在厂家制作完成，可缩短施工周期，但对原地面平整度有一定要求。

1. 现浇水磨石地坪

在施工现场拌料和浇筑、养护、磨光，地坪厚度随石子粒径大小而变化，粒径大的可厚些，粒径小的可薄些，一般当石子粒径为 4～12mm 时，地坪厚度为 10～15mm，可选用 3～5mm 的铜嵌条或铝嵌条作为分割线，分隔尺寸可根据设计要求和现场情况来确定（见图 4-27、图 4-28）。

2. 预制水磨石地坪

图 4-27　水磨石地面（太古地产中国办公室，Robarts Spaces/ 一工公司设计）

图 4-28　水磨石地面放大图

用白水泥、颜料加大理石子在工厂预制成厚 20～25mm、长 × 宽为 300mm × 300mm～500mm × 500mm 的板材，再在表面进行打磨，将板材运输到施工现场铺贴。

二、墙面装饰设计及使用材料

办公空间中墙体承担着承重、分割空间、隔声、美化环境等作用。墙面设计在艺术处理上，需要考虑室内整体风格，为营造整体办公环境起到关键作用。对于墙体的处理一般分两种情况：一是对原有墙体进行装饰；二是新建隔断墙装饰。两者在装修处理时，各有不同。

（一）原有墙体装饰

一般情况下，办公空间内原有墙体的主体材料有砖、砌块、混凝土。墙面装饰往往依托这些基础墙体进行设计，墙面装饰的作用是保护原有墙体，美化室内环境。常用的装饰方法有：涂料饰面、壁纸饰面、木装饰面、石材饰面、瓷砖饰面等做法。

1. 涂料饰面

涂料饰面是最传统的墙面装饰方法之一，其施工便捷、工期短、造价低、工效高。根据装饰的光泽效果可分为无光、哑光、半光、丝光和有光等类型。

室内墙体常用的涂料机有手动高压喷浆器、电动喷浆机、无气喷涂机、空气压缩机、喷斗、滚刷、排笔、棕刷等。

常用的涂料作业方式有：①普通刷浆：进行基层处理，喷浆前满披 1～2 遍大白粉腻子，干燥后用砂纸磨平，喷、刷浆料或涂料 2～3 遍；②美术刷浆：先完成相应等级的一般刷浆，待末道浆或涂料干燥后再进行美术刷浆。美术刷浆的方法有套色漏花法、滚花、喷甩色点等；③墙面喷涂：涂料使用前要搅拌均匀，施工中不要加水稀释，且遮挡门窗及其他不喷部位。喷涂时喷斗的喷嘴垂直墙面，要求颜色均匀一致；④彩弹：将彩色涂料或水泥用彩弹机弹在墙上形成花纹，再罩缩醛类、有机硅类或丙烯酸酯类等防污染涂料。

近年来，建筑涂料业发展迅速，加之高科技的应用，新的品种不断被开发出来。采用新颖合成技术研制而成的完全没有有机溶剂的高性能（涂刷性、抗回黏性、耐碱、耐污、耐水洗刷性等）乳胶漆备受人们关注（见图 4–29、图 4–30）。

2. 壁纸饰面

壁纸饰面在室内装修中应用相当广泛。壁纸饰面色彩多样、图案丰富、装饰作用很强，具有安全环保、施工方便快捷、价格适宜、耐磨抗污的特点，且保养起来也十分方便。

按材质，其可分为：纸质壁纸、胶面壁纸、壁布（纺织壁纸）、金属壁纸、天然材质类壁纸、防火壁纸、特殊效果壁纸。

壁纸因为其自身材料特性，防火抗刮擦能力较差，且对于油污的抵抗能力不好，若长期处于潮湿环境中，使用寿命会大大降低，在办公空间设计中如用墙纸，初期就要考虑好其防霉处理、伸缩性处理及后期的防护保养工作。

墙纸施工工艺：①基层处理；②刷底漆（用环保清漆溶液等作底漆，涂刷基层表面）；③分幅弹线；④裁纸（按壁纸图案拼花要求裁好纸）；⑤刷胶粘剂（壁布，壁毡类背面不

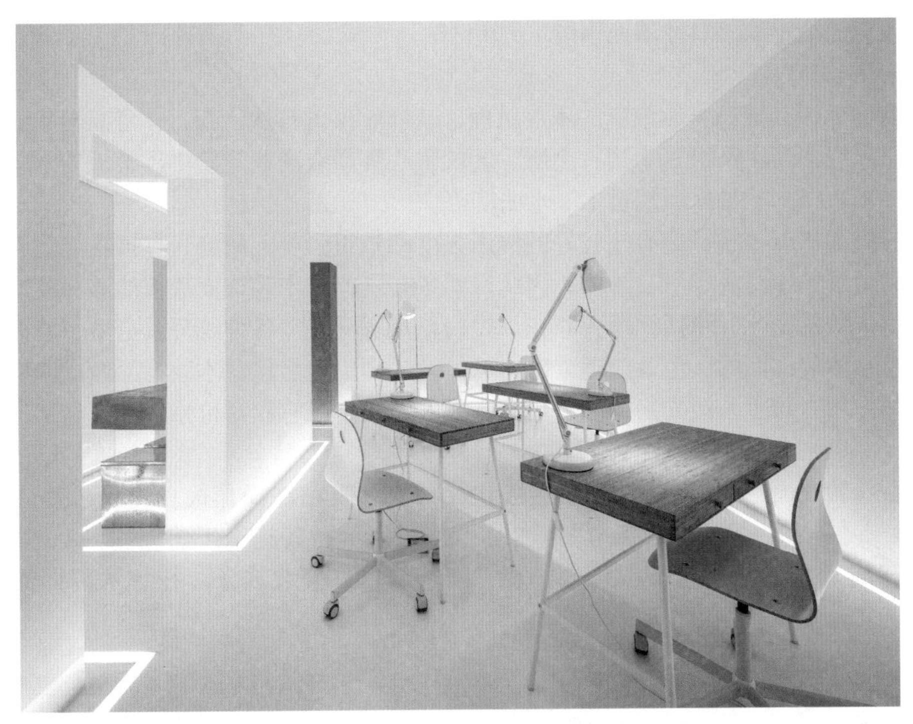

图 4-29　乳胶漆饰面墙［武汉某公司办公空间，武汉异向计合文化传播有限公司（简称异向计合）设计，汪海波摄影］

图 4-30　乳胶漆饰面墙（椰岛游戏上海总部，FTA 设计）

刷胶，以免污染正面。只往墙面刷胶）；⑥粘贴。

3. 木装饰面

木装饰面因其具有自然细腻的木纹肌理，装饰效果可自然清新，亦可高端华丽。它大量应用于星级酒店、高级写字楼、会所、会议中心等高级商业建筑中。常用的木装饰面材质有：榉木、枫木、柚木、胡桃木、水曲柳等。

木装饰面优点很多，它有比较好的抗压强度和抗折强度，耐磨、抗损功能远胜于常见的涂料和壁纸；木材属于不良导体，因此房间冬暖夏凉；木装饰面墙板能够在装饰板材造型上产生丰富的变化，包括凹凸、雕花、拱门以及罗马柱等各种纹理及造型，墙面因此富有立体感；木装饰面的颜色及纹理丰富，可给设计师更多想象；木装饰面做成墙板具有隔音降噪的作用，对于营造安静的办公环境有很大作用。但它相对价格较高，施工工艺略显复杂。

木装饰面的施工工艺主要有干挂法和胶粘法。胶粘法操作简单，要求基层平整度≤3mm。干挂法工艺略显复杂，以木龙骨干挂法为例，其施工工艺流程为：基层处理、放线、三防处理、木楔安装、龙骨安装、铺基层板、安装挂条、挂装木装饰面板（见图 4–31）。

图 4–31　木饰面墙（新东方北京海兴办公室，昱华建筑设计）

4. 石材饰面

石材饰面（见图 4–32）同样属于高档装修做法。室内墙面装饰用石材主要是大理石与花岗石。石材可根据设计要求加工成一定规格尺寸。石材饰面纹理丰富、装饰性强、不易变形，并具有耐火、防腐、耐久、耐磨、耐冻等特点。但天然石材造价较高、易断裂、污渍易渗入、整块大板运输比较困难。设计师在考虑石材饰面装饰效果时要关注石材的颜色、纹理图案以及饰面加工效果。

图 4-32　石饰面墙 [融信地产上海总部办公室门厅，集艾室内设计（上海）有限公司（G.ART 集艾）设计]

在室内墙面装修中采用石材施工主要分为两种做法：湿贴法和干挂法。

（1）湿贴法与瓷砖的铺设是一样的，施工时要做好石材背面和侧面的处理，要侧重选择防水效果好的防护剂。

（2）干挂法是目前石材施工中最常用的做法，但干挂法需要占用额外的空间位置。其施工工艺流程为：原墙面结构偏差实测、施工图二次设计、放线、连接件焊接与龙骨安装、挂件安装、石材饰面板安装。

5. 瓷砖饰面

瓷砖是目前装修中常用的一种材料，其防水、耐磨、防腐、耐用、耐脏、宜清理、花纹多、类型多、造价低，目前采用新工艺制作的瓷砖也有仿金属的质感、仿木材的纹理。瓷砖表面光滑，对降噪不利，因此不宜大面积使用。瓷砖的规格尺寸多样，设计时，既可以同色拼贴，也可以拼成各种图案。图 4-33 所示为瓷砖饰面墙。

图 4-33　瓷砖饰面墙 [协合新能源集团北京总部办公室门厅，正品达（北京）建筑科技有限公司（简称 PPCG）设计]

墙面瓷砖常用湿贴法施工，其施

工工艺流程为：基层处理、墙面批砂浆找平、选砖、浸泡、排砖、弹线、贴瓷砖、勾缝、擦缝、清理。

除这五种常见的墙面装饰材料，在现代办公空间中还有金属、玻璃、砖、清水混凝土等饰面材料。设计中，设计师总在不断突破现有材料以及工艺的约束，以获得设计的创新，因此我们可以看到实际项目中，在一个办公空间中，墙面的装饰并不局限于一种材料，往往是不同功能空间采用不同的做法。

（二）新建隔断墙

现代办公空间的隔断墙融合现代装饰概念，既拥有传统的围合作用，更具储物、展示效果。在办公空间设计中，新建隔断墙可塑性更强，可以留给设计师更多的想象空间。

新建隔断墙除可采用原有墙体装饰的方法外，还可依据自身特点采用多种隔断处理措施。隔断墙按性质可分为固定隔断与移动隔断；按闭合程度分为封闭隔断与半开敞隔断；按材料可分为轻钢龙骨隔断墙、木隔断墙、玻璃隔断墙、金属隔断墙等。

1. 轻钢龙骨隔断墙

轻钢龙骨隔断墙具有重量轻、强度较高、耐火性好、通用性强且安装简易的特性，有适应防震、防尘、隔音、吸音、恒温等功效，同时还具有工期短、施工简便、不易变形等优点。办公空间需要安静的环境，而轻钢龙骨本身不具备隔音、吸音的效果，需在隔墙中填充吸音防火棉。

图 4-34　轻钢龙骨木饰面墙（太古地产中国办公室 Robarts Spaces/ 一工公司设计）

轻钢龙骨隔断墙常用的面板有纸面石膏板、木饰面板、纤维水泥加压板、金属饰面板等（见图 4-34）。

轻钢龙骨隔断墙施工有一定的工艺流程，通常有：①弹线、分档；②做地枕带（设计有要求时）；③固定沿顶、沿地龙骨；④固定边框龙骨；⑤安装竖向龙骨；⑥安装门、窗框；⑦安装附加龙骨；⑧安装支撑龙骨；⑨检查龙骨安装；⑩电气管道与附墙设备安装；⑪ 安装罩面板等。

2. 木隔断墙

木墙隔断采用天然木材，木质材料纹理自然、质地较轻、环保健康、可塑性强、安装便捷、有一定的吸音效果，因此空间隔断中常常会用到。

另外，木材结实耐用、外观较好，而且极易与其他材料配合应用，所以木材和玻璃、石材、铁艺等材料均可自由搭配。

木墙隔断通常有两种：木饰面隔断（见图 4-35）与硬木花格隔断（见图 4-36）。

1）木饰面隔断

木饰面隔断一般是在木龙骨上固定木板条、胶合板、纤维板等面板，做成不到顶的隔断。木龙骨与楼板、墙应有可靠的连接，面板固定在木龙骨上后，用木压条盖缝，最后按设计要求罩面或贴面。

在开放式办公室中的木隔断，一般为不阻碍视线，高度宜为1.3～1.6m，用高密度板做骨架，用防火装饰板做罩面，用金属（镀铬铁质、铜质、不锈钢等）连接件组装而成。这种隔断能节约办公用房面积，便于内部业务沟通，是一种流行的办公室隔断设计。

2）硬木花格隔断

硬木花格隔断常用的木材多为硬质杂木，它自重轻，加工方便，制作简单，可以雕刻成各种花纹，做工精巧、纤细。

硬木花格隔断一般用板条和花饰组合，花饰镶嵌在木质板条的裁口中，可采用榫接、销接、钉接和胶接，外边钉有木压条，为保证整个隔断具有足够的刚度，隔断中立有一定数量的板条贯穿隔断的全高和全长，其两端与上下梁、墙应有牢固的连接。

3. 玻璃隔断墙

玻璃隔断墙在现代办公空间中使用率较高。玻璃隔断采光性好、隔音、防火性能佳、占用空间小、环保、施工便捷 / 宜清洁维护、可重复利用。但玻璃隔断墙不利于吸音、管道布设及开关插座安装。

玻璃隔断是将玻璃安装在框架上的通透式隔断。这种隔断可到顶或不到顶，其特点是空透、明快，而且在光的作用下色彩有变化，可增强装饰效果（见图4–37、图4–38）。

图4–35　木饰面隔断（晨光文具上海总部办公室阅览室，MAG studio 设计）

玻璃隔断按玻璃的使用情况有单层玻璃隔断、双层玻璃隔断、玻璃砖隔断，双层玻璃中间可加入各式百叶实现更多效果。玻璃品种繁多，有普通玻璃、磨砂玻璃、彩绘玻璃、夹层玻璃、镶金玻璃、电控调光玻璃等，通透性与装饰性都很好，办公空间中需选择安全的玻璃。电控调光玻璃利用液晶技术，通电时玻璃可实现透明的状态，断电时玻璃又可恢复为磨砂状乳白色，完全不透明。借助最新液晶技术，电控调光玻璃可随意控制玻璃的透明和不透明状态（磨砂状），为办公隔断提供更多的空间解决方案。

玻璃隔断不仅可以按玻璃的情况

图 4-36　硬木花格隔断（领英上海办公室，穆氏建筑设计）

图 4-37　玻璃隔断墙（美国盖茨集团（上海）有限公司上海办公室，JAXDA 设计）

进行分类，也可以依据以下方式进行分类：①按框架材质分类，可分为铝合金框玻璃隔断、不锈钢框玻璃隔断、钢结构框玻璃隔断、木龙骨框玻璃隔断、塑钢框玻璃隔断、钢铝结构框架玻璃隔断、钢木材料框架玻璃隔断、无框纯玻璃隔断；②按轨道形式分类，可分为固定玻璃隔断、移动玻璃隔断、折叠玻璃隔断；③按隔断高低尺寸分类，可分为高玻璃隔断、矮玻璃隔断、屏风隔断。

图 4-38 玻璃隔断墙（宁波雪域凌云联合办公空间，玉米设计）

隔断墙产品在办公空间中根据不同功能区域可做如下考虑：①会议室、洽谈室可选用带横档类型，双面钢化玻璃组成为6mm+8mm。因为这种组合的隔音系数很高，符合以上场所的安静和免干扰要求。横档设计能体现大气、稳重的效果；②董事长、总经理室可选用内置百叶帘类型，双面钢化玻璃组成为5mm+6mm。因为这种组合的隔音系数较高，符合以上场所的私密要求。内置百叶帘又增加了与外部环境沟通的功能，较具亲和力；③大型开敞式办公区域是宽敞明亮的工作环境，体现了现代氛围与管理的风格，大部分安全玻璃均可使用，但建议不宜大面积使用，避免产生回音。

4. 金属隔断墙

金属隔断墙具有很好的防腐蚀、防锈的作用，并且安装牢固，非常结实，耐久性很好，金属的质感与可塑性有很好的装饰效果，能够使室内装修提高一个档次。金属的装饰形状可以是条状、块状、网状，或是某个图案。金属表面效果可以是哑光、拉丝、镜面等。金属隔断大部分构件可在工厂加工，安装便捷；金属面可直可曲，在一些弧形面与异形面中可很好地表达设计意图；耐磨性、环保安全、防火防水都非常优异，是现代办公设计中新兴的一种装饰材料（见图 4-39、图 4-40）。

图 4-39 金属隔断墙（宁波雪域凌云联合办公空间，玉米设计）

图 4-40 金属隔断墙（西安惠尔集团总部办公室，行维新筑设计）

5. 另类的空间隔断

设计师的思维是开阔的，办公的需求亦与日俱增。设计中往往有很多新的材料与构造形式出现，例如：可移动成品隔断空间（见图 4–41）、可旋转墙面（见图 4–42）、休憩功能植入式墙体（见图 4–43）、异形材料墙体（见图 4–44）等。

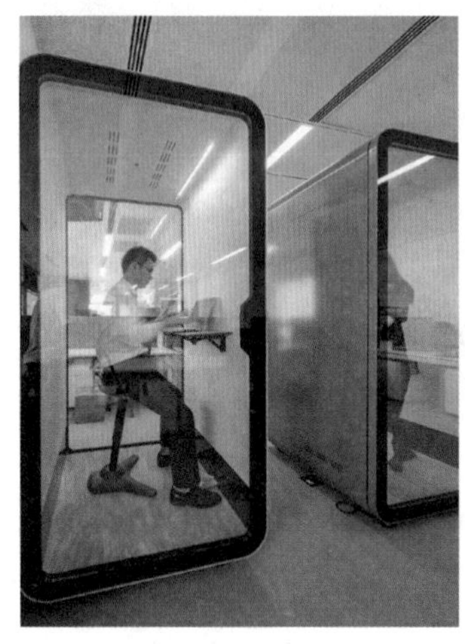

图 4-41　可移动成品隔断空间（上海耀乘健康科技有限公司上海办公室，赫韬建设设计，李凌摄影）

图 4-42　可旋转墙面［北京通商律师事务所办公室，北京优景装饰工程有限公司（简称北京优景室内设计公司）设计］

图 4-43　休憩功能植入式墙体（新橙科技有限公司北京办公室，艾迪尔设计）

图 4-44　异形材料墙体（太古地产中国办公室，Robarts Spaces/ 一工公司设计）

三、天花装饰设计及使用材料

天花装饰是指室内环境的顶部装修，是室内装饰的重要部分之一。天花装饰在整个室内装饰中占有相当重要的地位，对室内顶面做适当的装饰，不仅能美化室内环境、界定空间，还能营造出丰富多彩的室内空间艺术形象。天花的造型、高低、灯光布置和色彩处理都会使人们对空间的视觉、音质环境产生不同的感受。在选择天花装饰材料与设计方案时，要遵循省材、安全、美观、实用的原则。办公空间设计中，天花的设计需综合考虑天花的造型、灯具布置、空调布置及设备管线布置，其中天花造型与灯具布置是设计的重点。

现代办公的氛围往往体现出简洁、明快、有秩序的特点。因此，办公室天花设计有如下几点要求：①注意顶棚造型的轻快感。上轻下重是室内空间构图稳定感的基础，所以顶棚的形式、色彩、质地、明暗等处理都应充分考虑该原则，当然特殊气氛要求的空间例外；②满足结构和安全要求。天花的装饰设计应保证装饰部分结构与构造处理的合理性和可靠性，以确保使用的安全，避免意外事故的发生；③满足设备布置的要求。顶棚上部各种设备布置集中，特别是高等级、大空间的顶棚上通风空调、消防系统、强弱电错综复杂，同时还应协调通风口、烟感器、自动喷淋器、扬声器等与顶棚面的关系，设计中必须综合考虑、妥善处理，满足使用功能的要求，并隐藏与室内环境不协调的因素；④满足办公空间的光照要求。天花中布光要求照度高且均匀，多数情况使用泛光照明，局部配合使用点式照明。在设计中往往使用散点式、光带式和光栅式来布置灯光。

天花装饰按装修构造方式可分为直接式和悬吊式。

（一）直接式天花

直接式天花是指在屋面板或楼板底部直接抹灰、喷涂、固定搁栅、贴壁纸等，从而达到装饰目的，包括直接抹灰（或壁纸）做法、直接格栅做法以及暴露结构做法。

1. 直接抹灰（或壁纸）做法

这类装饰做法是指在上部屋面板的底面直接抹灰，然后做饰面装修，可以喷刷各种内墙涂料或浆料（见图4-45），也可以裱糊壁纸或壁布。这种装饰做法施工方便、装饰层次相对较少、完成面厚度小，可节省室内空间、节省施工周期、造价成本低、装饰效果普通，且没有足够的空间隐藏管线设备。

图 4-45　直接涂料天花（椰岛游戏上海总部，FTA 设计）

2. 直接格栅做法

当屋面板或楼板底面平整光滑时，可将装饰搁栅直接固定在楼板的底面上，这种搁栅一般采用 30mm × 40mm 的方木，以 500～600mm 的间距纵横双向布置，表面再用各种板材饰面，如 PVC 板、石膏板，或用木板及木制品板材。这种装饰做法同样施工较为简单，有一定的装饰层次感。

3. 暴露结构做法

在一些将旧厂房改造为办公空间的项目中，这类做法运用较多。设计师对原有建筑的结构进行简单喷涂，暴露天花室内的结构和各类设备管线，从而体现现代化建筑的工艺特色。施工时，将照明、通风、防火、吸声等设备巧妙地结合在一起，形成统一的、优美的空间景观（见图 4–46、图 4–47）。

图 4–46　暴露结构（新橙科技有限公司北京办公室，艾迪尔设计）

图 4–47　暴露结构［中富博睿（北京）有限公司北京办公室，John Li Studio 设计，刘晨光摄影］

（二）悬吊式天花（又称吊顶）

悬吊式天花是一种通过悬吊构件，将装饰面板固定在悬吊系统上以遮蔽天花上管线和结构构件的重要装饰工艺，可丰富空间层次、增加室内美观度，吊顶做法较多，特点有保温、隔热、隔声、吸声、有效降低能耗等。

悬吊式天花与结构层之间的距离可根据设计要求确定。若顶棚内敷设各种管线，为检修方便可根据情况不同程度地加大空间高度，并可增设检修走道板，以保证检修人员安全、方便，并且不会破坏顶棚面层。

悬吊式天花多数是由吊筋、龙骨和面层三大部分组成。吊筋承受吊顶面层和龙骨架的荷载，并将这些荷载传递给屋顶的承重结构，吊筋常用材料为钢筋，吊顶的高度主要依靠吊筋的长短来调整。龙骨承受吊顶面层的荷载，并将荷载通过吊杆传给屋顶承重结构，一般有主龙骨与次龙骨等形成网架体系，办公空间中常用的龙骨材料为轻钢与铝合金。面板主要用来装饰室内空间，并有吸声、反射、保温、隔热等功能，面板材料丰富，常用的面板材料有纸面石膏板、纤维板、胶合板、钙塑板、矿棉吸音、铝合金等金属板、PVC 塑料板，面板的形状有条形、矩形及各类格栅（见图 4-48），有些办公空间中的吊顶造型是根据设计师要求定制的独特艺术造型。

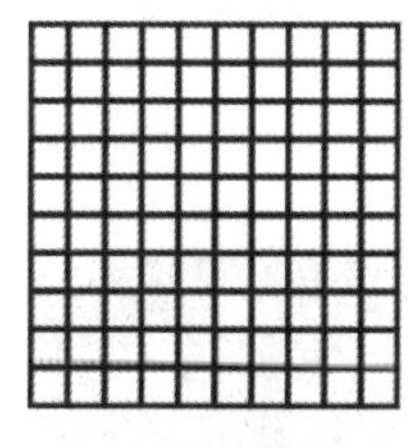

6.25cm 格子板

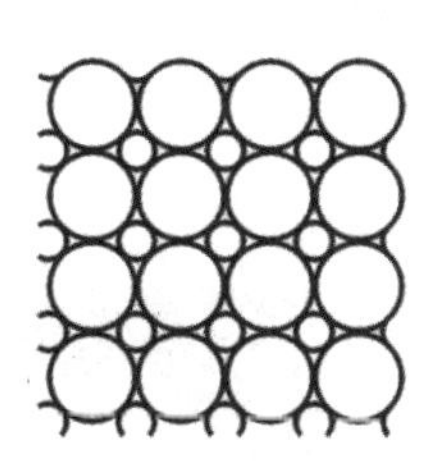

圆圈网板

方格开槽

波浪形

图 4-48 开敞式吊顶中的格栅形状

办公空间中按吊顶完成面的效果大致可分为：平整式吊顶（见图 4-49）、凹凸式吊顶（又称造型顶）（见图 4-50）、开敞式吊顶（见图 4-51）、局部吊顶（见图 4-52）及混合式吊顶（见图 4-53）。

图 4-49 平整式吊顶（碧然德上海总部办公室，FTA 设计，吴鉴泉摄影）

图 4-50 凹凸式吊顶 [金一文化北京办公室，北京熙空间建筑设计咨询有限公司（简称熙空间）设计]

图 4-51　开敞式吊顶（宁波雪域凌云联合办公空间，玉米设计）

图 4-52　局部吊顶（晨光文具上海总部办公室，MAG studio 设计）

图 4-53　混合式吊顶（宁波雪域凌云联合办公空间，玉米设计）

办公空间内常采用轻钢龙骨吊顶，其施工安装工艺流程为：弹线、安装吊杆、安装主龙骨、安装次龙骨、安装灯具、安装罩面板、细部调整。

1. 弹线

弹线的目的是确定一些基准线，为下一步施工做定位工作。这些基准线包括：标高线、顶棚造型位置线、吊挂点布局线、大中型灯位线。

2. 安装吊杆

（1）吊杆紧固件或吊杆与楼面板或屋面板结构的连接固定。

（2）吊杆与主龙骨的连接以及吊杆与上部紧固件的连接。

3. 安装主龙骨

（1）根据吊杆在主龙骨长度方向上的间距，在主龙骨上安装吊挂件。

（2）将主龙骨与吊杆通过垂直吊挂件连接。上人吊顶的悬挂：用一个吊环将龙骨箍住，用钳夹紧，既要挂住龙骨，同时也要阻止龙骨摆动。不上人吊顶的悬挂：用一个专用的吊挂件卡在龙骨的槽中，使之达到悬挂的目的。

（3）根据标高控制线使龙骨就位。待主龙骨与吊件及吊杆安装就位以后，以一个房间为单位进行调整平直。

4. 安装次龙骨、横撑龙骨

（1）安装次龙骨：在覆面次龙骨与承载主龙骨的交叉布置点，使用配套的龙骨挂件（或称吊挂件、挂搭）将两者上下连接固定，龙骨挂件的下部勾挂住覆面龙骨，上端搭在承载龙骨上，将其 U 型或 W 型腿用钳子嵌入承载龙骨内。

（2）安装横撑龙骨。

（3）边龙骨固定：边龙骨宜沿墙面或柱面标高线钉牢。

5. 管道及灯具固定

吊顶时要结合灯具位置、空调位置做好预留洞穴及吊钩。当平顶内有管道或电线穿过时，应预先安装管道及电线，然后再铺设面层，若管道有保温要求，应在完成管道保温工作后，才可封钉吊顶面层。

6. 罩面板安装

（1）对于轻钢龙骨吊顶，罩面板材安装方法有明装、暗装、半隐装三种。

明装是指纵横 T 型龙骨骨架均外露、饰面板只要搁置在 T 型两翼上的一种方法。暗装是指饰面板边部有企口，嵌装后骨架不暴露的一种方法。半隐装是指饰面板安装后外露部分骨架的一种方法。

（2）罩面板与轻钢骨架固定的方式分为：罩面板自攻螺钉钉固、罩面板胶结粘固法和罩面板托卡固定法。

7. 细部调整

细部调整是指全面校正主、次龙骨的位置及水平度。明龙骨应日测无明显弯曲。通常次龙骨连接处的对接错位偏差不得超过 2mm。校正后应将龙骨的所有吊挂件、连接件拧夹紧。

第五章

办公空间的设计流程

第一节　办公空间设计的基本程序

目前，在办公空间项目实际操作中，设计师的工作通常分为四个阶段：概念设计阶段、方案设计阶段、施工图设计阶段及施工配合阶段。

一、概念设计阶段

概念设计在工程项目中主要是指完成空间形态的整体塑造。它建立体现项目个性形象的符号系统、创意设计方案的空间氛围、组织各功能空间的初步关系，更多地驻留在设计方案的自我交流思维层面，是公共室内空间设计中典型形象的创意阶段。在项目操作中，概念设计阶段往往是客户判断设计方向是否正确的关键时期。

室内设计是依据特定的具体任务展开的，这种任务受很多因素的制约，如建筑结构、原空间条件、委托方意向、功能构成、工程成本、市场环境，只有充分了解这些概念设计的限定要素才能做出有效的概念设计方案。

概念设计阶段的工作内容主要分为三部分：项目调研与分析、平面功能布局草图以及空间形象构思。此阶段的成果由调研分析、草图、概念图与意向图汇总而成。

（一）项目调研与分析

项目调研与分析是每个设计师在面对任何一个项目都需认真完成的工作，内容包括项目任务了解和分析、环境调研与分析、市场材料了解与分析、案例调研与分析。

（1）项目任务是概念设计的依据，做设计要有的放矢。有时委托方有明确且完整的项目任务书，但有时任务条件是模糊或不全的；关于项目任务，我们需要了解的内容为：①工程条件，包括工程名称、工程日期要求、工程地点、工程范围、场地条件。这些内容有的可以通过图纸了解，有的需要向甲方咨询；②工程资金标准，装修经费通常处于保密状态，但设计师必须了解，否则无法确定装修材料档次。有时委托方对装修经费与材料档次的关系缺少认知，需做适当引导；③使用方组织结构，这涉及功能布局，必须与当事人交谈，详细了解业态特点、经营模式、组织部门、企业文化、办公动线、功能设施等，一般企业的管理者、人事主管与业务主管对这些内容比较了解。④设计技术基础资料，包括原设计图纸及资料、采用技术标准、工程质量要求、预算编制依据。

（2）环境调研与分析：设计师应全面掌握工程项目的原始设计资料，以此为依据展开室内空间设计。若这些原始设计资料损失、不完整或变动，最可靠的办法就是去现场测量，这样设计者不仅可以了解项目的内部及周边环境，还可以由此激发创意灵感。环境调研内容为：①室内环境：建筑结构、设备环境（水、电、燃气、暖通）、基本尺寸、自然采光及通风、消防通道及设施、原始墙体情况；②外部环境：项目周边交通、建筑、景观环境、商业环境以及所在区域的地理、历史、人文背景。

（3）市场材料了解与分析：设计者要把虚拟的概念构思发展成可行的装饰方案，必须依赖材料工艺的表现。成功的设计必须有与之相适应的材料，所以，设计者要认真了解材料市场的情况，当然对材料市场的了解是一个长期积累的过程。设计师需要了解材料的基本性能、基本特点、常规尺寸、常用工艺、价格、加工周期、流行趋势等信息。

（4）案例调研与分析：办公空间设计因业态、风格、规模、档次不同而呈现丰富的实际案例作品。设计师不仅要借鉴同类项目典范的长处，分析其优点的适用性，也要分析其不足之处，在自己的设计中避免犯同样的错误。古今中外的优秀设计作品有很多值得借鉴。设计师在借助网络调研的同时，还应通过书籍参考及项目实地考察进行调研，实地调研的感触会更加深刻。

（二）平面功能布局草图

平面功能布局草图主要用来研究使用功能空间关系、交通和各使用功能空间的联系。设计时，可以对普通员工、管理人员和访客这三种人员的行为特征进行研究分析，掌握各类人员对使用空间功能需求与日常的行动流线。平面功能布局草图涉及平面功能分区、交通组织、家具陈设、设备设施等诸多工程要素，协调它们之间的关系、使平面功能达到最合理的布局是办公空间设计工作的基本目标。它可以是手绘的草图，也可以是电脑绘制的草图，表现形式并不固定。

（三）空间形象构思

空间形象是人们对空间的直观感受，是对空间大小、空间形状、色彩、环境舒适度的整体印象。办公室内空间是由各个界面围合而成的立体空间形态，这些空间形态呈现不同样式和形象特征，体现不同的企业文化，带给人们各种不同的心理感受，营造各异的环境艺术氛围。空间形象构思的任务就是塑造三维空间的效果，体现设计风格，其表现形式在概念设计阶段可以用草图或意向图的方式展现。

二、方案设计阶段

方案设计是在确定设计方向后进行的，其主要内容是对规划布局、空间功能分区、装饰形式、隔断定位、装修风格进行深化设计，是在概念设计基础上进一步收集、分析、运用与设计任务有关的资料与信息，构思立意，从而展开具体化、全面化和深入化的设计。概念设计阶段的草图是解决设计方向的整体构思，构思的草图主要用于自我交流，画面效果可以是抽象的、不完善的创作素材；而方案设计阶段的图纸则是按规范要求制作的一套完整图纸，它包括设计说明、平面图、顶棚图、立面图、空间效果图、分析图、材料与家具样板图，是设计者向业主提交的正式方案文件。

因此，方案设计阶段不仅仅是方案的深入思考过程，也是图纸的规范表达过程，方案设计图是按规范要求编制的技术图纸，是概念设计的优化选择，是确立设计整体内容的关键阶段。

三、施工图设计阶段

设计方案需经审定确认，方可进行施工图设计。施工图设计阶段需要补充完善施工所必要的有关平面布置、室内立面和顶棚等图纸，还需包括构造节点详细、细部大样图以及设备管线图，编制施工说明和造价预算。

施工图设计是在完成了方案设计之后，经业主确认方案图的基础上，将方案设计的“构思”内容以“标准”的制图进行专业语言表述。施工图编制的目的是让施工人员能按图展示施工作业，业主按图采购材料，从而完成整个装修过程。施工图要有合理可行的施工构造图并附上说明。施工图是工程设计人员和施工人员交流的语言及施工的依据，需要做到完整、精确、清晰、标准。施工图不仅是施工实施的基础，还要验证方案设计的可行性，完善方案设计的合理性，进一步深化方案设计的理念。施工图在方案设计图纸的基础上进行优化与完善，进一步表达了设备的相关管线与管井用房的位置与大小，在图纸内容深度方面表述了界面材料及造型、界面层次及剖面、细部尺寸及大样、安装、施工详细说明书和造价预算等内容，这一阶段的图纸绘制工作量很大，制图时需认真、细心、耐心。

四、施工配合阶段

施工配合阶段也即工程的施工阶段。室内工程在施工前，设计人员应向施工单位进行设计意图说明及图纸的技术交底；工程施工期间需按图纸要求核对施工实况，有时还需根据现场实况提出对图纸的局部修改或补充，并出具设计修改通知书，配合业主对材料、灯具及门窗等进行选样封样；施工结束时，会同质检部门和建设单位进行工程验收。施工结束后，配合业主根据软装设计内容对家具、电器、装饰品、摆件进行选样与布置。

为了使设计取得预期效果，室内设计人员必须抓好设计各阶段的环节，充分重视设计、施工、材料、设备等各个方面，并熟悉、重视与原建筑物的建筑设计、设施（风、水、电等设备工程）设计的衔接，同时还须协调好与建设单位和施工单位之间的相互关系，在设计意图和构思方面取得沟通与共识，以期取得理想的设计工程成果。

第二节　办公空间设计的成果表现

在设计图纸中，前期的设计草图相对比较粗犷，以表达设计构思为主；方案设计阶段与施工图设计阶段的图纸则都是对设计成果的规范表达。两者各有侧重点，前者侧重于设计创作与效果的表达，后者侧重于图纸深化与实施的做法。从草图到施工图是一个从抽象到具体，从表及里，不断尝试、不断完善的过程。

（一）设计草图

草图是设计之初。在接触项目的过程中，设计师会闪现一些灵感构思，需要第一时间记录下来，而草图就是最捷径的办法。在绘制草图的过程中，会有新的概念产生，我们的设计思路也在此过程中不断得以调整，绘制草图的过程也是一个人的头脑风暴过程。草图虽然潦草但能反应设计中最集中的一些问题，是设计时抓重点的一种方式。同时，草图是最便捷的交流图纸之一，在设计前期，设计方向还没有确定，通过草图的快速表现可以让设计师有更多的思路可以表达，增加与业主及同事的交流，从而更好地把握设计方向。

在室内设计中，草图的特点是快捷，可随时调整和涂改，因此主要适用于创作初期。目前随着技术的发展，草图已不再局限于手绘的方式，可以借用手机及平板电脑等电子设备的手机软件来实现草图构思。根据表达内容的侧重点不同，草图可分为：设计概念草图、空间草图、效果草图。

1. 设计概念草图

概念草图是设计初始阶段的设计雏形，以线为主，辅以色块，多是思考性质的，一般较潦草，多为记录设计的灵感与原始意念，往往只表达设计的某个特点，不追求全面性和准确性，有时附加说明性的文字（见图 5–1）。正式方案图纸往往是由这些概念草图逐步完善而成（见图 5–2）。

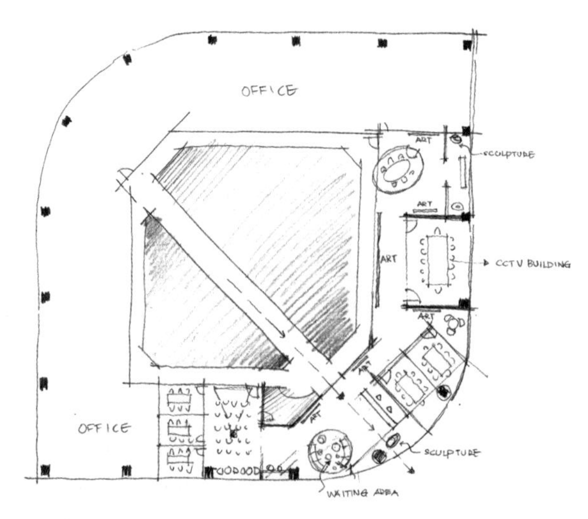

图 5-1　平面概念草图（北京通商律师事务所办公室，北京优景室内公司设计）

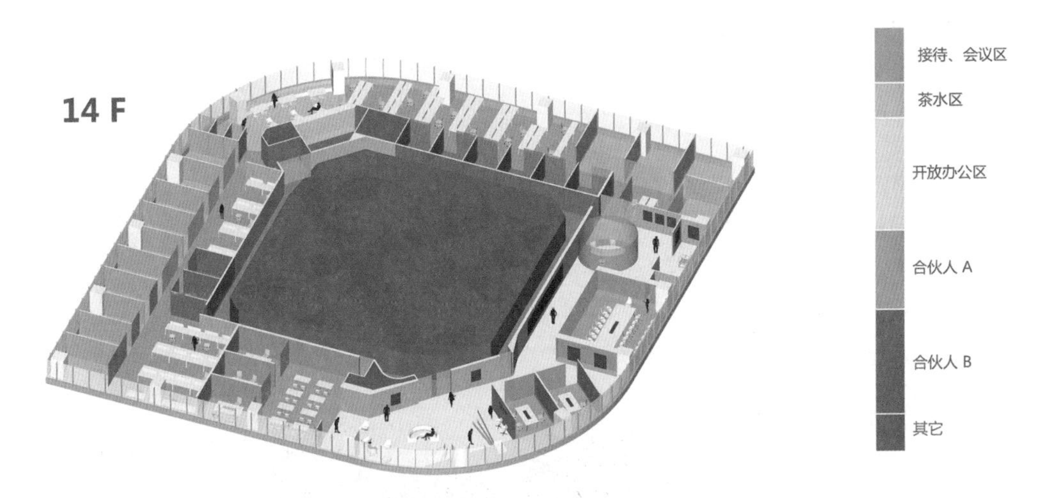

图 5-2　平面功能布置分析图（北京通商律师事务所办公室，北京优景室内公司设计）

2. 空间草图

空间草图用来表达设计的空间关系，一般采用一点透视、两点透视或鸟瞰图，辅以简单色块及阴影表达，主要表达内容为室内空间的层次、形状、大小及家具布置（见图 5-3、图 5-4、图 5-6）。

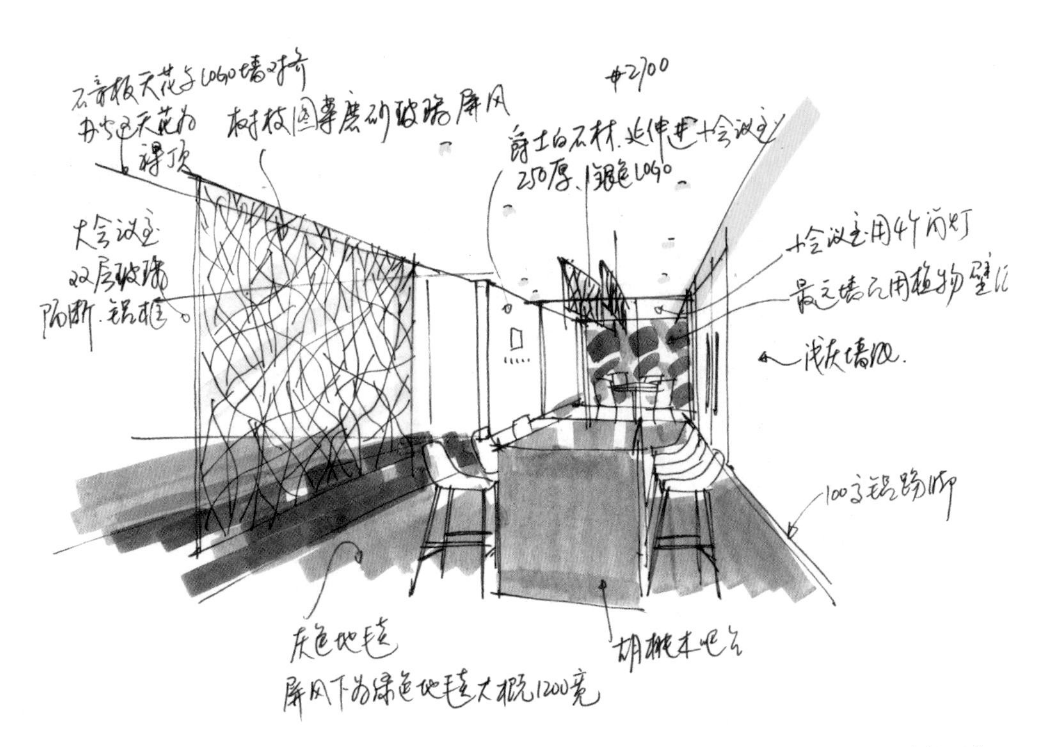

图 5-3　站点空间草图［中富博睿（北京）有限公司北京办公室，John Li Studio 设计，刘晨光摄影］

图 5-4　空间实景照片［中富博睿（北京）有限公司北京办公室，John Li Studio 设计，刘晨光摄影］

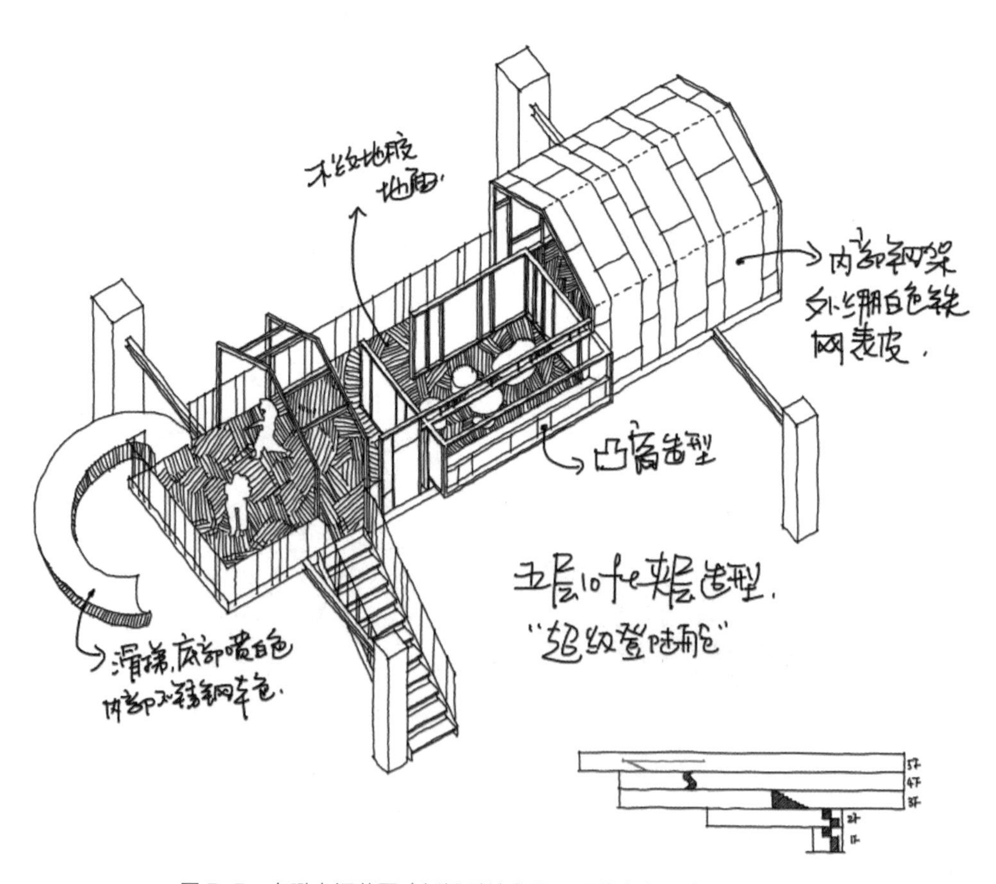

图 5-5　鸟瞰空间草图（新橙科技有限公司北京办公室，艾迪尔设计）

图 5-6　办公室实景照片（新橙科技有限公司北京办公室，艾迪尔设计）

3. 效果草图

效果草图是设计师比较设计方案和设计效果时使用的，以表达清楚结构、风格、材质、色彩、环境布置及某些重要的细部（见图 5-7、图 5-8）。

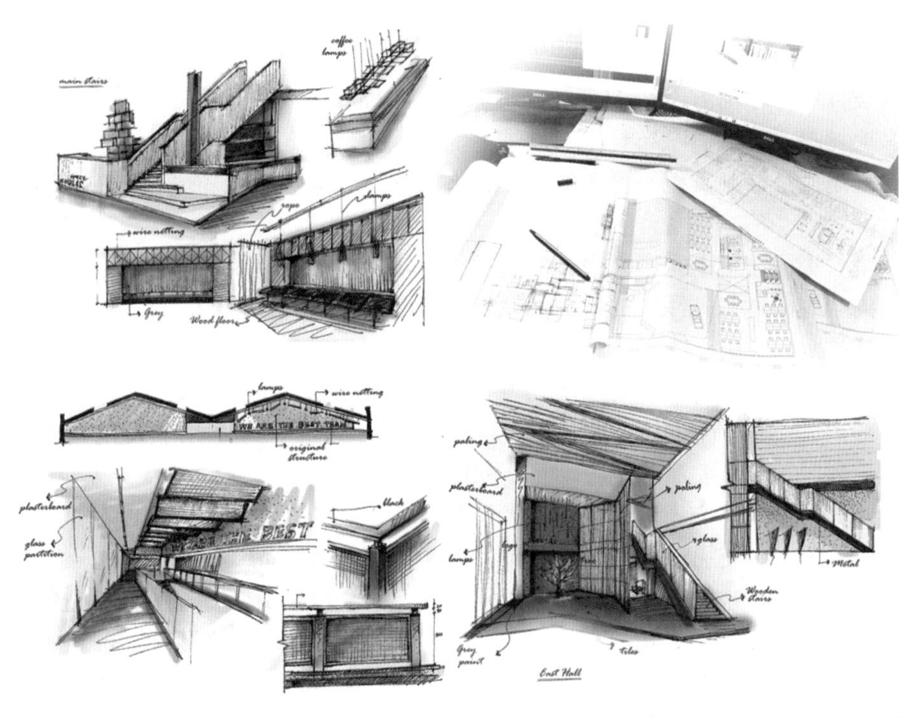

图 5-7　效果草图（ZODIAC-ALL INN“凹空间”文化创意产业集成孵化中心，CCDI 卝智室内设计中心设计）

图 5-8 实景照片（ZODIAC-ALL INN“凹空间”文化创意产业集成孵化中心，CCDI 卝智室内设计中心设计）

（二）平面方案图

室内设计中，平面方案图包含原始平面图、平面布置图（见图 5-9、图 5-10）、平面尺寸图、地坪图、开关插座布置图，其中平面布置图是方案设计阶段最重要的图纸，需要反复对比推敲，是绘制其他平面图的基础，平面布置图确定后，才可开展顶棚图和立面图的设计。

可以说，平面布置图是室内设计制图的第一步，也是最重要的一步。虽然平面布置图只反映室内空间面宽与进深方向，但关联室内空间中其余几个面的设计，室内的六个面应是整体、连贯、一致的。

平面布置图要表达的内容有以下几点：

（1）对办公空间进行功能分区：在功能分区的过程中，需了解企业的规模、人员构成、经营流程，按照其关系确定各功能区的序列、顺序。

（2）对办公空间的交通流线规划：涉及功能区域间的联系、出入口的数量、平面交通与竖向交通的关系、交通流线的主次关系、交通流线的通道宽窄及长短问题。

（3）办公空间的空间隔断形式：常见形式按闭合程度可分为完全隔断、透视隔断、半隔断和虚拟隔断。同样的空间面积采用不同的隔断处理时，可以产生不同的空间效果。

（4）检验空间划分的合理性：平面布置图要考虑空间内家具的位置、大小、朝向及使用方式，也需考虑各设备的实际尺寸及使用方式，以检验空间划分的合理性。

（5）考虑地坪材料铺设方式：地坪设计时，一般考虑功能空间的划分，功能空间使用

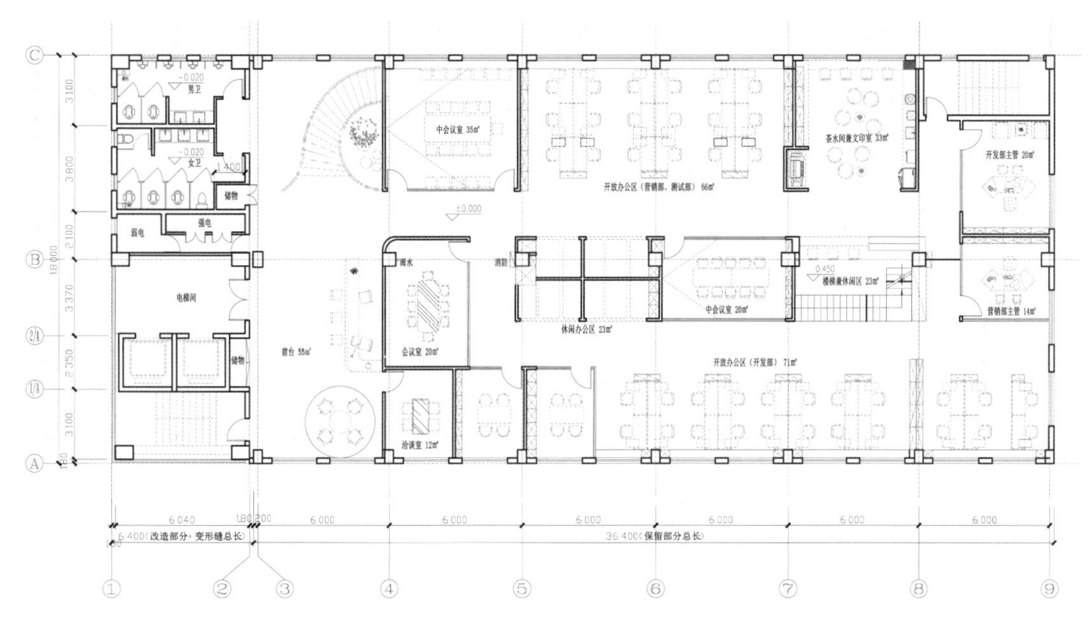

图 5-9　某办公室一层平面布置图（学生作业）

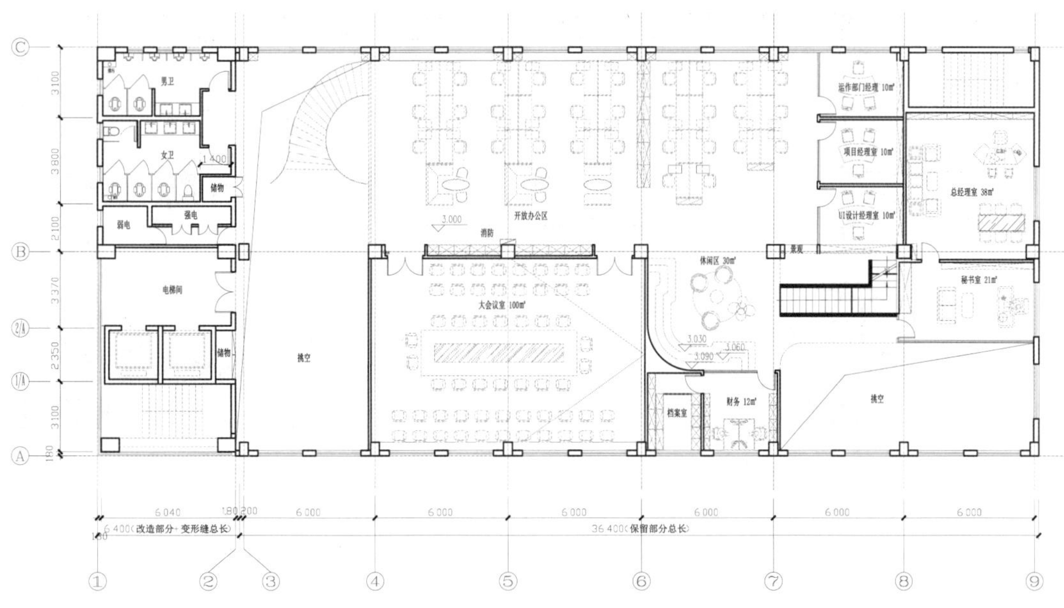

图 5-10　某办公室二层平面布置图（学生作业）

的特点、地面的抬高与下沉设计及环境艺术效果。

在方案设计阶段，除用规范制图方式制作平面图外，为了更直观地表现平面布置，彩色平面图也成为方案设计阶段展示图纸之一。办公空间的面积较大，彩色平面图在色彩处理时不宜太过复杂，一般用简单的色块及阴影表达室内空间的格局、家具的布置（见图 5-11、图 5-12）。

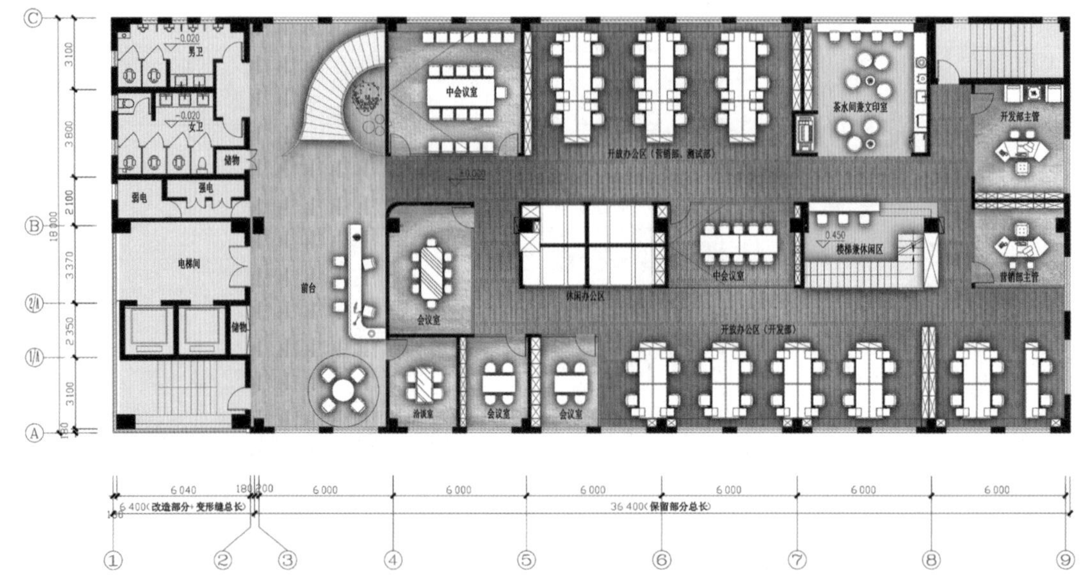

图 5-11　某办公室一层彩色平面图（学生作业）

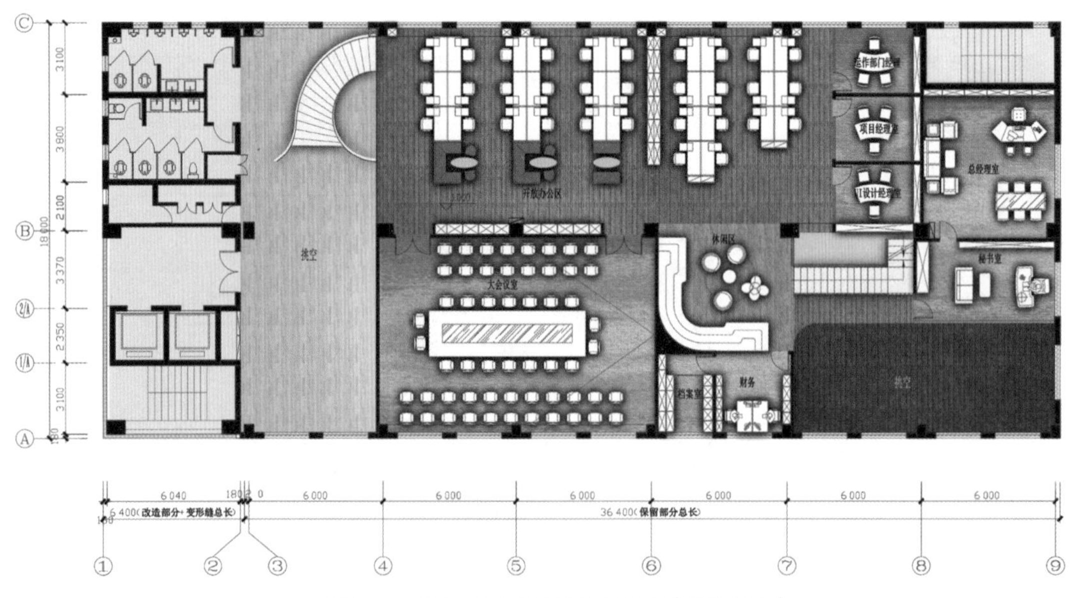

图 5-12　某办公室二层彩色平面图（学生作业）

（三）顶棚方案图

顶棚方案图，又称为吊顶平面图，主要表现顶部界面造型样式、材料搭配、设备及管线的布置及灯光布置等。顶棚方案图设计是室内设计中比较复杂的环节，所受的限制因素很多。首先要考虑顶部梁的位置、形状及尺寸，还需综合考虑灯具、空调管道、喷淋设施、强弱线管、通风管道等环境工程设施的布置。顶棚方案图一般包含顶棚布置图、顶棚尺寸图、开关控制图等。

顶棚造型应考虑视觉与心理感受因素，不宜过于复杂，并要与平面功能布置相呼应（见图 5-13、图 5-14）。

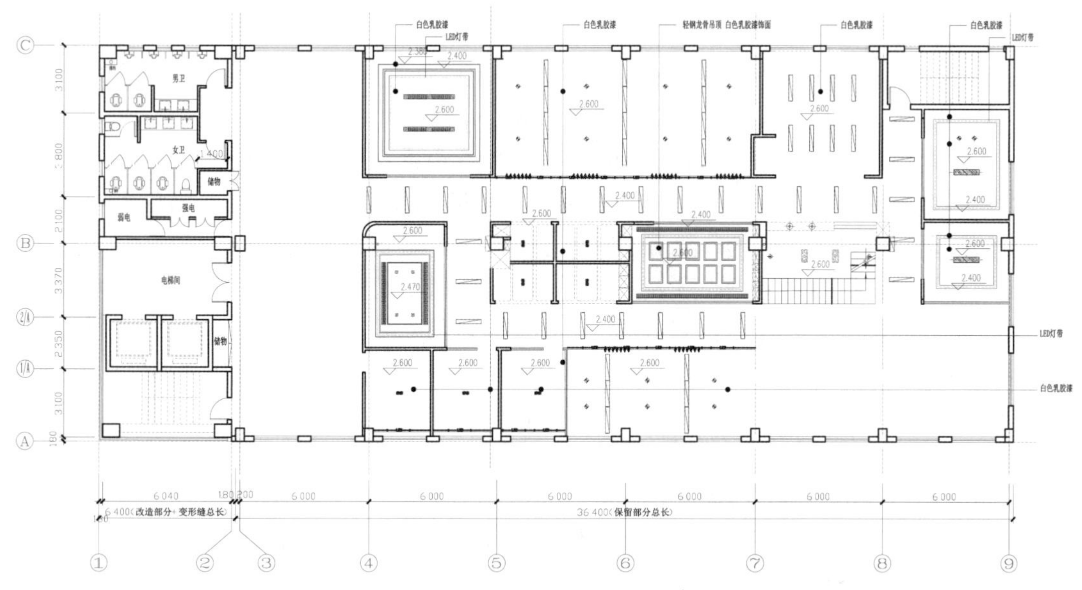

图 5-13 某办公室一层顶棚平面图（学生作业）

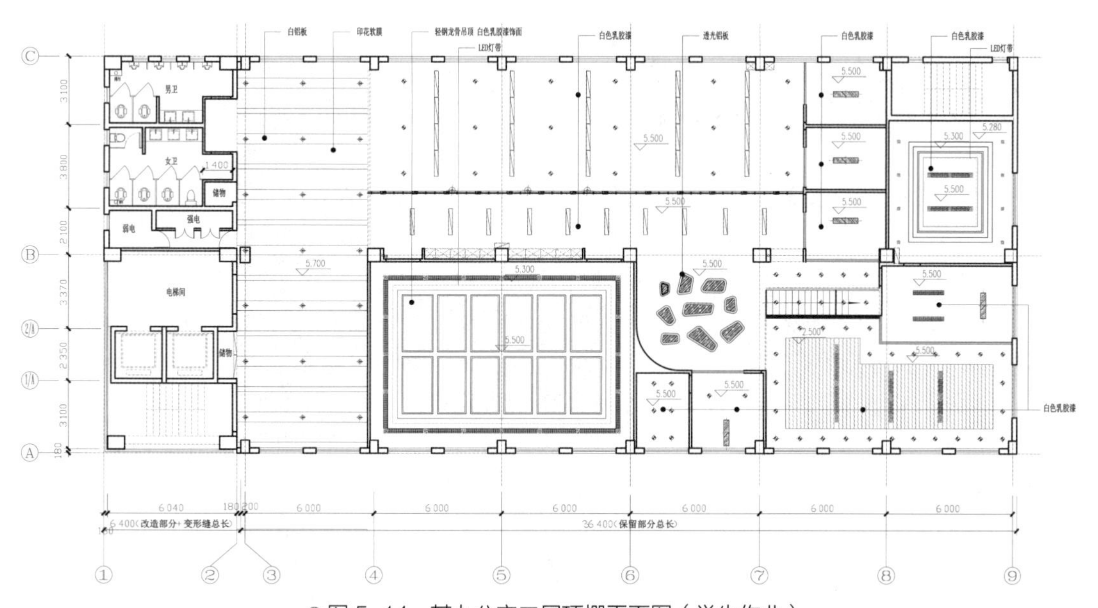

图 5-14 某办公室二层顶棚平面图（学生作业）

（四）室内立面图

室内立面图是平行于室内墙面的切面将前面部分切去后，剩余部分的正投影。按正投影法绘制，主要表达室内各立面的装饰结构、形状及装饰物品的布置等。

在进行办公空间平面设计时，设计师已对立面的使用有了位置的限定，在顶棚设计中又确定了天花的造型、照明方式与位置。立面设计需遵从这些限定条件，并使这些限定更加形象化和具体化。立面作图时，其内容、风格、位置及尺寸必须与平面保持一致，立面图可不画顶棚剖面部分。

办公空间需要营造办公文化环境氛围，立面设计时应对此做充足的理解，运用设计风格、色彩、灯光、造型来表达，并通过家具和陈设进行烘托和衬托。

办公空间设计需重点考虑形状、质感、图案这些要素在立面设计时的运用。形状就是点、线、面的有机组合，不同的形状可以塑造出不同的效果。质感就是材料给人的感觉、印象，不同的材料给人不同的印象和心理感受，如光滑石材让人感觉精致而冷漠，毛面使人感觉浑厚而温和，木、竹麻、藤使人感觉亲近、温暖和柔软。在办公空间设计中，应全面掌握不同材料的质感，并能合理地选用。图案可以使立面富于变化而不呆板，烘托室内气氛，表现某种主题或思想。无论是动态图案还是静态图案，都有不可忽视的作用。图案还可调节空间尺寸，如大花图案可使空间前进或使界面缩小，而小花图案则使空间后退或使界面扩张。

室内立面图表达的内容有以下几方面：

（1）反映投影方向可见的室内立面轮廓、装修造型及墙面装饰的工艺要求等，包括柱子、横梁、隔墙等界面造型样式。

（2）反应墙面装饰材料名称、规格、颜色及工艺做法等，通过图例填充及文字注释进行表达。

（3）反映门窗结构、配件的位置、大小、造型及材质。

（4）反映所示墙体附近的固定家具、灯具及部分非固定家具、灯具的形状、大小及位置关系。

（5）反映室内需要表达的装饰构件（如悬挂物、艺术品等）的形状、大小及位置关系。

（6）标注各种必要的尺寸、标高及材料名称。

室内平面图反映的是室内整体情况，而每个立面图往往只能反映空间内某个方向立面的情况，一个长方形室内空间需要绘制 4 个立面才能完整表达这个空间各方向的装饰设计内容。但实际工作中，在方案设计阶段为提高作图效率，立面图的绘制一般挑选重要空间的主要立面，以表达视觉效果为主，有时表达内容并不全面；而施工图设计阶段绘制立面图时，所有立面均需表达，且表达内容要求全面、详细、准确。

在方案设计阶段，与平面图的表达一样，除用规范制作的立面图外，彩色立面图也正成为方案展示的方式之一，其表达更直观、更生动（见图 5-15、图 5-16）。

(五) 效果图

效果图是设计师最直观表达设计创意构思的方式，可利用计算机辅助绘制，也可徒手绘制。实际项目实施中，大部分是通过电脑 3D 效果图制作软件绘制而成，不仅是因为电脑制图更加准确、方便，而且也因为修改更加容易。

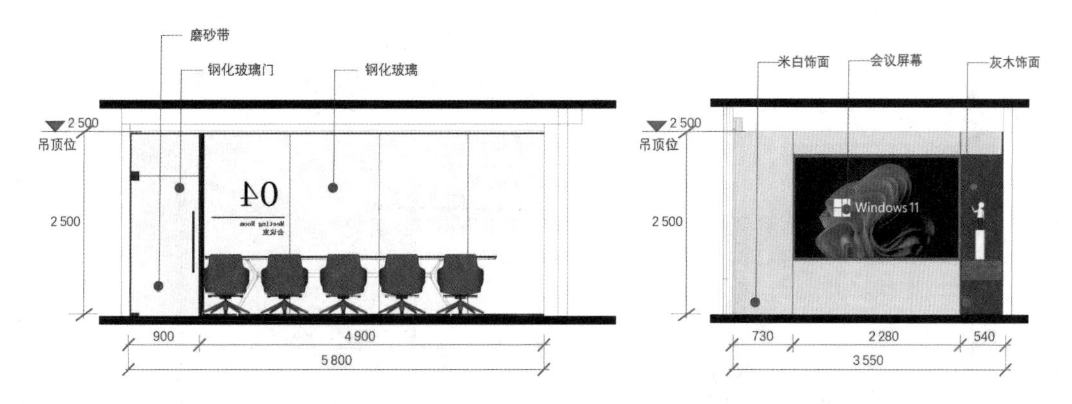

图 5-15　某办公空间——会议室立面图（学生作业）

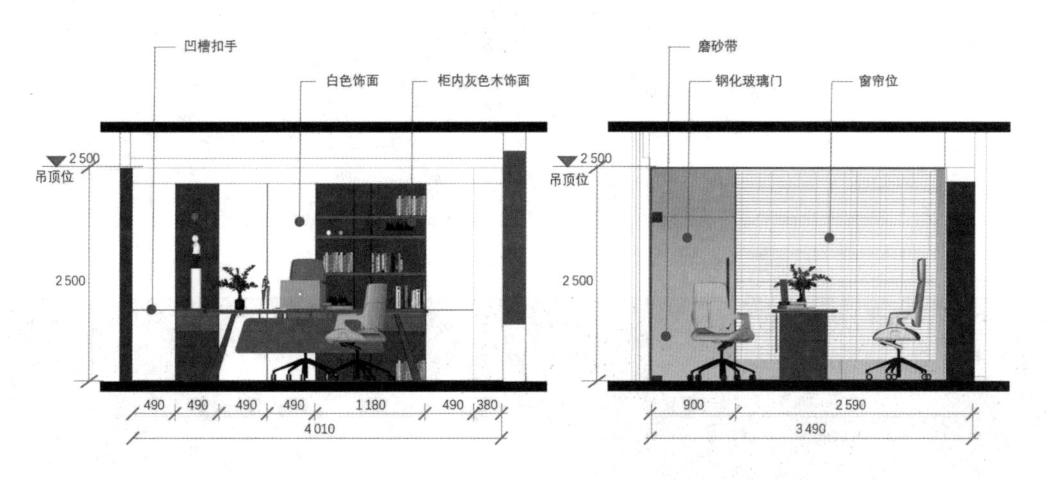

图 5-16　某办公空间——独立办公室立面图（学生作业）

效果图是向客户展示设计成果的图纸，也是设计师研究、推敲设计效果的图纸，它是对室内空间的造型、尺度、结构、色彩、质感等诸多因素的忠实表现。

效果图根据视角的高低不同可分为站点效果图与鸟瞰效果图。鸟瞰效果图对空间的整体效果表达更加清晰，站点效果图则更接近于人的正常视角（见图 5-17）。在室内设计中，站点效果图一般采用透视图，而鸟瞰效果图则更多采用轴测图（见图 5-18）。

（六）分析图

室内设计的目的是通过解决空间的功能需求，满足环境的审美需求，从而提升生活品质、提高员工的工作效率。室内设计的过程贯穿着客观逻辑上的设计分析和主观感性上的艺术处理。

分析图在室内设计中有着不可替代的作用，从设计前期的各类背景分析到设计后期的各类成果分析，分析图在设计表达中的作用越来越重要。设计师通过分析图能更加清晰地传达设计信息，促进对设计构思的理解，强化设计主题，从而说服客户。分析图的表达形式非常丰富，设计师可通过图纸、模型、动画、文字等方式制作分析图，表达设计方案。

图 5-17　某办公空间——站点效果图（学生作业）

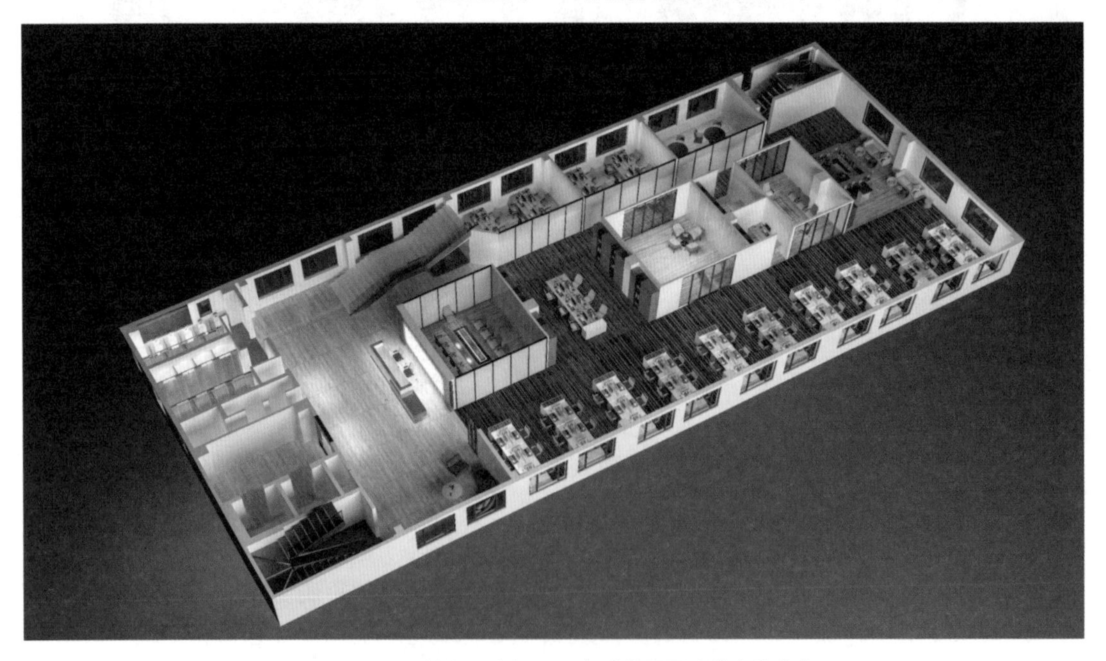

图 5-18　某办公空间——鸟瞰效果图（学生作业）

传统的室内分析图主要有：动线分析图（见图 5-19）、功能分析图（见图 5-20）、色彩分析图（见图 5-21）等。在实际项目设计方案表达时，分析图并不局限于固定的内容与形式，设计师针对方案设计中的特点、优点、难点都可用分析图来表达设计意图，例

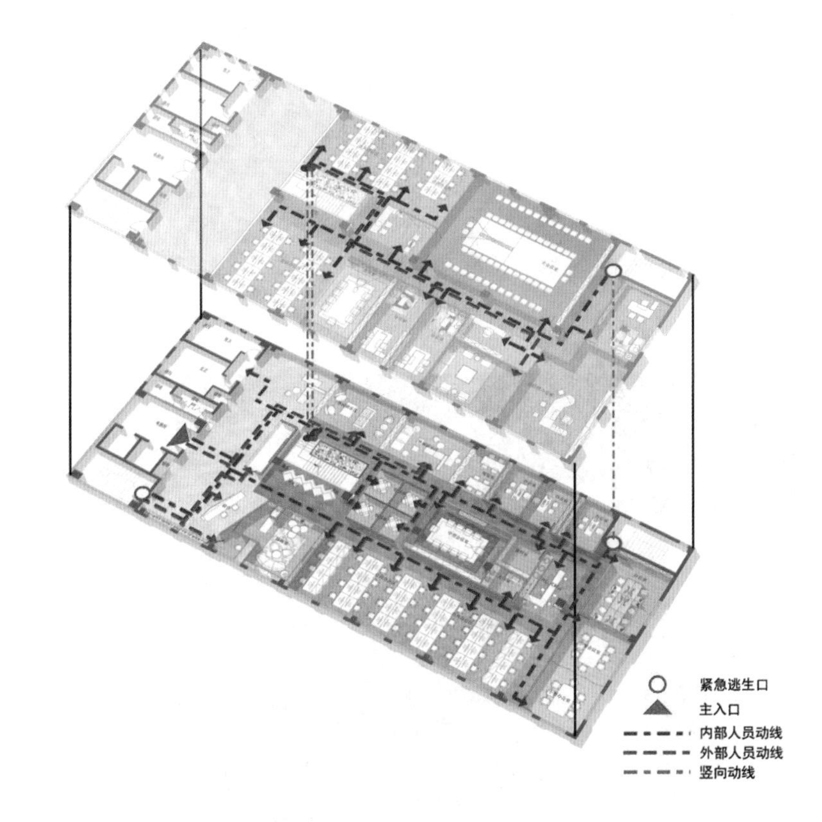

图 5-19　某办公空间——立体交通分析图（学生作业）

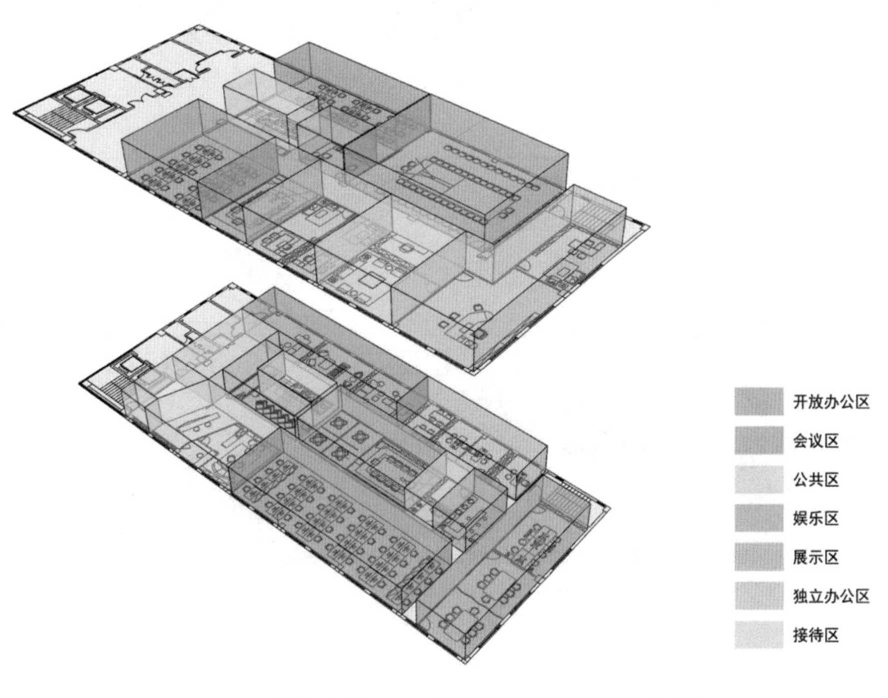

图 5-20　某办公空间——立体功能分析图（学生作业）

如：活动分析图（见图 5-22）、爆炸分析图（见图 5-23）等。随着电脑软件的不断开发，分析图也并不仅仅是静态的图纸，动态的分析图正成为设计表达的重要手段。

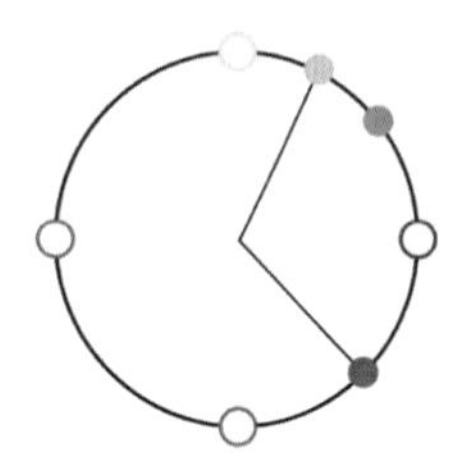

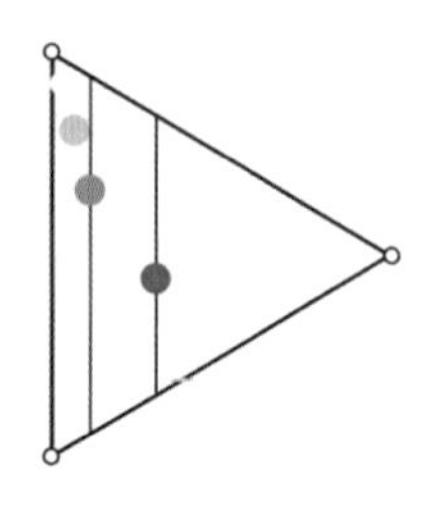

空间运用大量米白色的墙，搭配木质的桌面，一切显得如此和谐。灰色大理石高级静谧，深灰色地毯彰显稳重，两者搭配显得层次感分明又十分和谐。黑色的灯具和座椅作为亮点，也显得很有质感。

图 5-21　某办公空间——色彩分析图（学生作业）

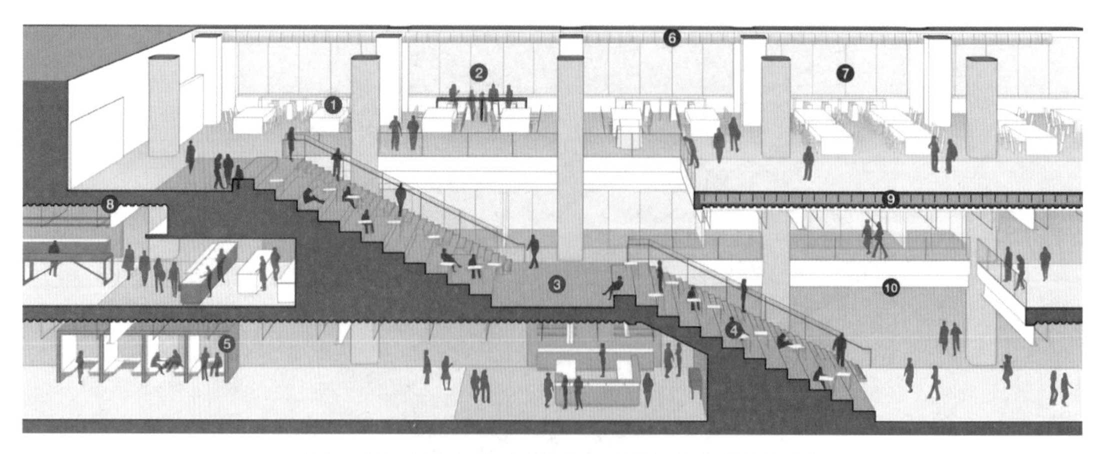

图 5-22　某办公室内剖断面活动分析图（学生临摹）

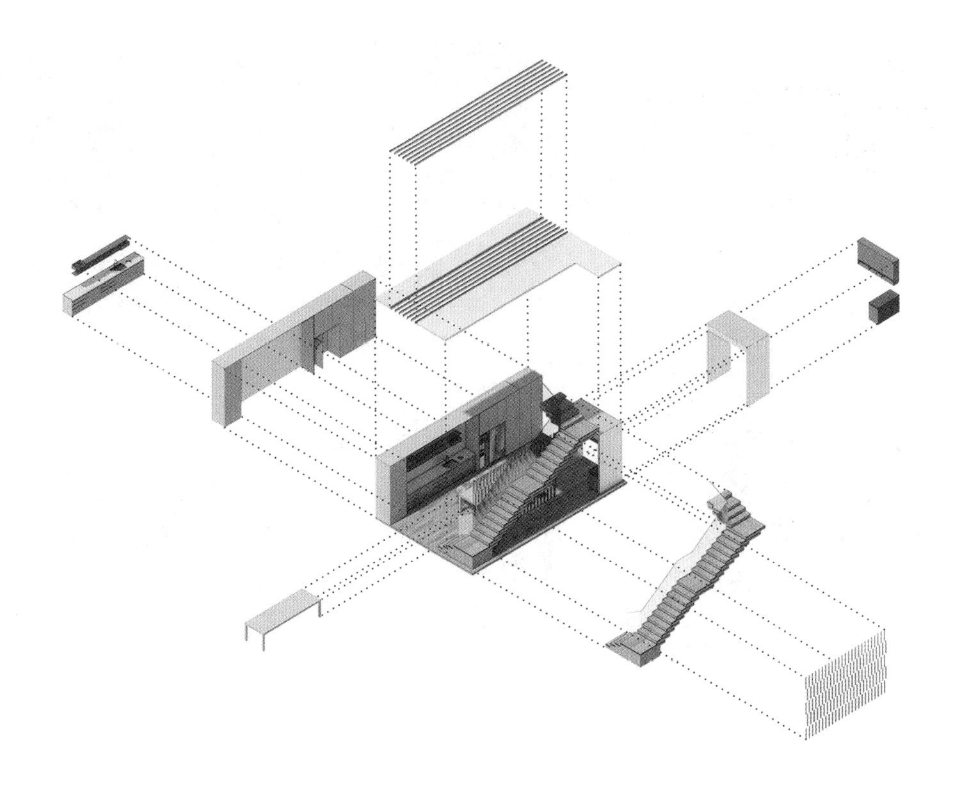

图 5-23　爆炸分析图——茶水间（融信地产上海总部办公室，G.ART 集艾设计）

（七）材料与家具样板图

材料是室内装饰中硬装设计最直观的呈现，而家具是软装设计在室内空间最主要的组成部分，两者共同体现了室内空间的色彩、质感，营造了室内的环境氛围，因此材料样板是设计的一个重要环节，是设计成果表达不可或缺的组成部分。设计师需要对材料与家具掌握全方位的认识，包括其价格、产地、颜色纹理、物理性质、使用年限、制作工艺等。设计的过程从某种角度来说也是对材料确认的过程，这种过程充满乐趣和挑战性。

材料与家具样板图在方案设计阶段一般用意向图表示，在施工图设计阶段则用实物小样或实物照片表达。方案设计阶段主要体现材料与家具的样式、尺寸、色彩、材质；而施工图设计阶段除方案设计阶段的内容外，还需包括材料与家具的参考价格、品牌、型号、数量等（见图 5-24、图 5-25）。

以上主要是反映方案设计构思与效果的图纸内容，表达设计师对办公室内环境的畅想与预期。这些设计效果落实到工程建设中则需要施工图来补充完善，因此图纸的另一大类是施工图的表达。

施工图主要表达施工的工艺，告诉施工人员该如何实现方案设计的意图。施工图内容比较翔实，本书仅对其图纸内容做大致介绍，不再一一举例。施工图图纸内容主要反映以下几部分。

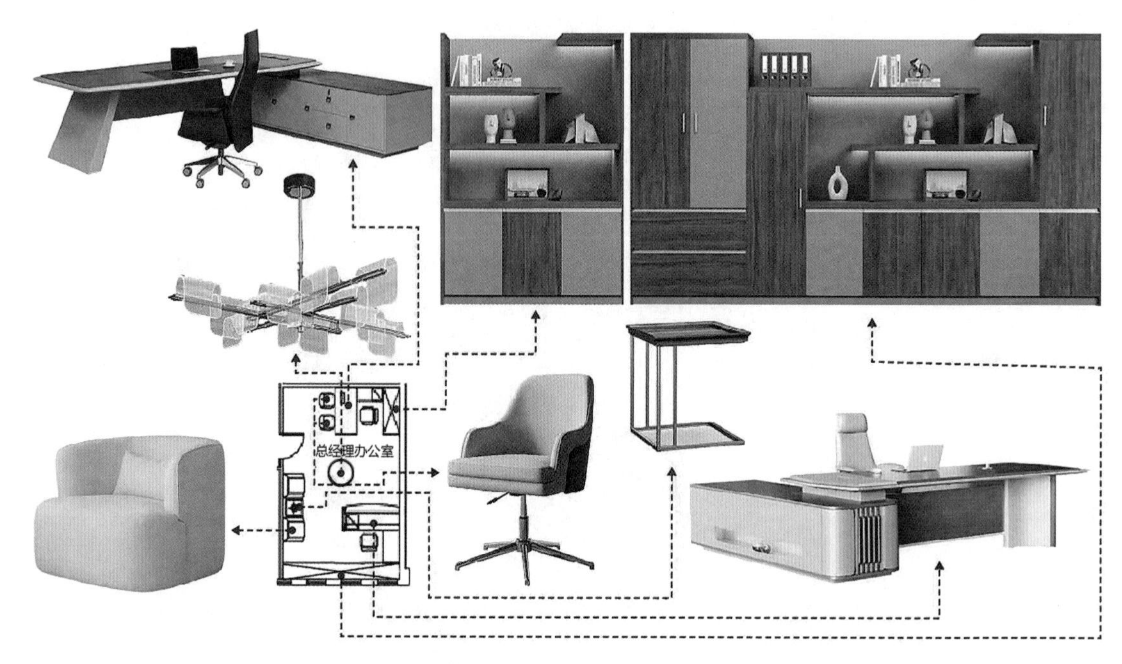

图 5-24　某独立办公室软装分析图（学生作业）

图 5-25　某办公空间软装分析图（学生作业）

1. 界面材料及造型的平、立面图

室内设计的最后完成依赖各种形状的材料的组合运用，展示一种工艺美感。施工图的平面图、顶棚图、立面图主要表现天、地、墙三个界面的材料品种、造型、颜色、样式、大小尺寸、构造方式。设计师应在充分掌握材料性能的基础上做出符合建筑技术规范要求的设计。

2. 物理环境设备工程系统设计施工图

室内公共空间设计主要涉及的设备工程为：①强弱电系统：室内照明和用灯光布置营造空间艺术氛围是强电系统的主要任务，在完成了灯光布置的位置、类型、强弱、冷暖和形式的装饰设计基础上，由电气工程师进行电器系统图设计，主要包括电器系统图、照明电器图、电路插座布置图及电气设备材料表。弱电系统是根据各类公共空间的功能需求所进行的36伏以下的线路设计，在公共室内空间设计中，其包括电话线路图、闭路图、宽带图、背景音响图等。②给排水系统：一般分为生活饮用及洗涤用水排水与消防给排水。室内给水系统由引入管、水表节点、给水管网及给水附件（各种阀门和配水龙头）组成。室内排水系统一般包括卫生器具、排水模支管、立管排管及通气管。③暖通系统：供暖主要由热源、输热管和散热管设备组成，在我国北方城市供暖与南方局部区域系统化供暖时会使用。空调系统可分为集中式、分区式和独立式。通风就是通过换气调节室内空气净度，将室内污浊空气排到室外。④消防系统：公共室内空间设计者必须熟悉消防法规，合理布置各种消防通道、人流疏散通道及主通道的宽窄。火灾自动报警系统是现代消防系统中的重要组成部分，包括烟感器、喷淋头、报警器。消防系统图主要内容涉及室内顶棚上的烟感器、喷淋头及水幕的布置，墙面设计中涉及应急灯、消防栓箱及灭火器。

3. 细部节点及大样图

由于图幅大小的限定，各类施工剖面图常不能详尽地表达施工材料与构造细节，必须用大量的细部节点及大样图才能充分完整地表述设计意图。此类图要求在界面转换和材料衔接过渡处作局部详剖，要有详细的做法说明、标注和尺寸标注，常用比例为1∶1、1∶5、1∶10、1∶20。

4. 文本文件图

一套完整的施工设计图由文本文件和图纸文件共同组成，由于图纸表达的局限性，许多设计思想和构成方法用文字表达更为准确。文本文件主要有以下内容：①设计说明：设计说明是表达设计思想意图的文本文件，其内容主要包括设计思路的说明、设计风格的阐述、各部分材料的运用及最后效果的预言；②施工工艺要求：施工工艺要求是设计者对施工方的材料及做法的具体文字要求，许多复杂的工艺程序必须用文字提出准确的施工工艺要求；③验收标准：验收标准一般是根据现行的建筑装饰及消防行业标准提出文字要求，是公共室内设计工程的约束性的文本文件；④图纸目录：一般公共室内设计的图纸数量非常庞大，为了便于查阅，必须有图纸目录；⑤装饰材料及防火性能表：一般大型工程都要求将施工图中所有材料检索出来制成文本表格，并附以材料样板和防火性能说明。

第六章

办公环境与设备

第一节　办公空间环境设计原则

办公环境是指办公室空间的物理和心理环境，它影响着办公人员的身心健康和工作效率。办公物理环境是办公空间内的热、光、声、空气质量等物理因素的综合。现代办公空间的室内设计，为创造符合人们卫生要求和舒适程度的室内物理环境，非常关注各项设施、设备的合理选用和配置。从室内设计与装修构造及选材的角度，办公空间内风口位置的合理布置、门窗的密闭性和选用合适的窗帘遮阳、界面选材的隔声及吸声效果等，都将与办公空间内物理环境的整体品质密切关联。

影响室内办公人员心理感受的因素很多，例如：室内空间的大小和形状、室内采光照明和界面选材等形成的整体光色氛围、人们工作看到和触及的家具、办公设施的形状和色彩等的视觉感受，以及各类材质和办公人员接触时的触感等。合适的空间尺度比例、明快和谐的色调以及简捷大方的造型和线脚，常会给办公人员带来愉悦的心理感受。一定比例的自然光、室内绿色植物、家具挡板中适当配置木质材质，以及透过窗户映现的天空和自然景色常给人们带来亲切、自然、轻松的感受。家具、挡板的布置既需要考虑办公人员个人的私密性要求和安全领域边界，又要注意人员之间人际交往的合理距离。

进行办公环境设计时，应当注意以下几点设计原则。

（一）安全性

无论是从结构安全、设施设备使用安全还是卫生安全考虑，一个安全稳定的办公空间环境是对办公人员正常开展工作及人身安全的基本保障。这里的安全性不仅仅是指结构安全和消防安全，还包括设施设备的使用安全，例如：电器防漏电措施、空气更新措施等。

（二）实用性

办公空间能不能满足使用者的工作、生活需求是非常关键的标准。例如：室内照明应保证规定的照度水平，以满足工作、学习和生活的需要；室内空间大小应能容纳足够的工作人员；休息娱乐设施的设置不能影响办公业务的正常开展；家具的选择应满足正常的办公与收纳需求。实用性还包括办公空间内的设施设备的施工安装、运行及维修的方便简单。

（三）经济性

在任何一个办公空间室内装修项目的实施中，装修成本都是一个关键问题。设计方案初期就需要考虑材料的选择与加工、工程施工过程的管理等问题。经济性的考虑也和生态环境相关，设计师不可以因为控制成本而采用可能伤害人们健康的材料，抑或是采用那些过度使用会造成环境毁坏的资源。同时，设计师应当尽量采用低能耗的方式维护办公环境。

（四）美观性

设计师对办公空间设计的目的之一就是要打造优美舒适的办公环境，设计方案需要具备一定的美学价值，设计师应运用美学法则对办公空间进行环境优化。

室内照明有助于丰富空间，形成一定的环境气氛，光与影的变化使静止的空间生动起来，能够创造出美的意境和氛围；界面材质的色彩、纹理能改善空间感，增强环境的艺术效果；空间动线的组织也能让办公空间变得更加有序；适当的绿植能增加室内色彩并改善办公空间的空气质量。

（五）整体性

办公空间方案设计过程中，设计师有时需要与建筑师、设备工程师、电气工程师、灯光音响音频师、陈设设计师等各类其他专业的人员协作才能够做出最佳的设计方案决策。设计师需要合理地应用材料、色彩、照明、家具与陈设、人的心理感受等各种设计语言，这也是设计方案整体性的表现。

设计构思和立意是室内设计的灵魂。在进行办公空间设计时，要根据企业文化和内部机构设置的特点、办公业务的流程、空间的层次感与次序感、整体设计风格以及空间内的声光色等内容做出通盘考虑，做到功能与形式协调统一，将设计的艺术创造性和实用舒适性相融合，将创意构思的独特性和建筑空间的完整性相融合。

第二节　办公空间的光环境

办公空间的光环境主要由自然采光和人工照明两种方式产生。为节约能源，设计师应该多利用自然采光。

一、自然采光

自然采光是室内空间利用自然光（日光）获得的照明。其效果受多方面因素影响，主要取决于采光窗的面积和形状、窗外遮挡物、窗玻璃的颜色和清洁程度、室内设备色调的反射程度等。

采光良好的办公空间可以节约能源，使人心情舒畅，便于办公空间内部各使用功能的布置，否则室内工作人员将会长期生活在昏暗之中，仅仅依靠人工照明对人的身心健康十分不利。自然采光可分为直接采光和间接采光，直接采光指采光窗户直接向外开设；间接采光指采光窗户朝向封闭式走廊（一般为外廊）、直接采光的厅、开敞办公室等开设。为使办公室内桌面有较大的照度，窗的上缘要尽可能高些，不宜使用茶色玻璃。采光系数不小于 1∶4～1∶6。单侧采光时，室深系数不小于 1∶2，双侧采光时，不小于 1∶4。入射角不小于 27 度。光线要从左侧进入。

办公室、会议室宜有天然采光，采光系数的标准值应符合下表规定（见表 6–1）。

表 6–1　办公空间的采光系数最低值

采光等级	房间类别	侧面采光	
		采光系数最低值 Cmin/%	室内天然光临界照度 /lx
Ⅱ	设计室、绘图室	3	150
Ⅲ	办公室、视屏工作室、会议室	2	100
Ⅳ	复印室、档案室	1	50
Ⅴ	走道、楼梯间、卫生间	0.5	25

采光标准可采用窗地面积比进行估算，其比值应符合下表的规定（见表 6–2）。

表 6–2　办公空间窗地面积比

采光等级	房间类别	侧面采光窗地面积比（窗 / 地）
Ⅱ	设计室、绘图室	1/3.5
Ⅲ	办公室、视屏工作室、会议室	1/5
Ⅳ	复印室、档案室	1/7
Ⅴ	走道、楼梯间、卫生间	1/12

注：（1）计算条件：①Ⅲ类光气候区；②普通玻璃单层铝窗；③其他条件下的窗地面积比应乘以相应的系数；（2）侧窗采光口离地面高度在 0.80m 以下部分不计入有效采光面积；（3）侧窗采光口上部有宽度超过 1m 以上的外廊、阳台等外部遮挡物时，其有效采光面积可按采光口面积的 70% 计算。

办公空间在满足自然采光的同时，也应进行合理的日照控制和利用，避免阳光直射引起的眩光。

二、人工照明

人工照明是现代办公空间内常用的照明方式，既是对自然采光的补充，也是夜间办公的主要照明方式。人工照明应从发挥基本的明视作用（满足生理需求）、塑造具有审美性的环境氛围（满足心理需求）多角度考虑。需要从光色、照明照度、亮度分布、眩光限制等几方面入手，对光源、灯具进行合理的选择与组织。

室内照明在办公空间中所起的艺术效果有：①创造气氛；②加强空间感和立体感；③光影艺术与照明装饰；④照明布置艺术和灯具造型艺术。

（一）办公空间照明设计的要求

1. 照度标准

人工照明涉及光强、亮度、照度、光通量、色温、显色指数等指标。其中照度是满足办公工作需求最重要的指标，照度值过低，不能满足人们正常工作、学习和生活的需要；照度值过高，容易使人产生疲劳的感受，影响健康。设计中一般按桌面 0.75m 水平高度计算照度，办公空间照度标准值应遵照表 6–3 的规定。此外，照明的均匀度、眩光程度等均应符合现行国家标准《建筑照明设计标准》（GB 50034）的规定。

表 6–3　办公空间照明标准值

房间或场所	参考平面及其高度	照度标准值 /lx	*UGR*	U_0	R_a
普通办公室	0.75m 水平面	300	19	0.60	80
高档办公室	0.75m 水平面	500	19	0.60	80
会议室	0.75m 水平面	300	19	0.60	80
视频会议室	0.75m 水平面	750	19	0.60	80
接待室、前台	0.75m 水平面	200	—	0.40	80
服务大厅、营业厅	0.75m 水平面	300	22	0.40	80
设计室	实际工作量	500	19	0.60	80
文件整理、复印、发行室	0.75m 水平面	300	—	0.40	80
资料、档案存放室	0.75m 水平面	200	—	0.40	80

2. 灯光的照明位置

办公空间中灯光位置应与人们的办公活动以及家具的陈设等因素结合起来考虑，这样不仅满足了照明设计的基本功能要求，还加强了整体空间的意境。此外，还应把握好照明灯具与人的视线及距离的合适关系，控制好发光体与视线的角度，避免产生眩光，减少灯光对视线的干扰（见图 6–1）。

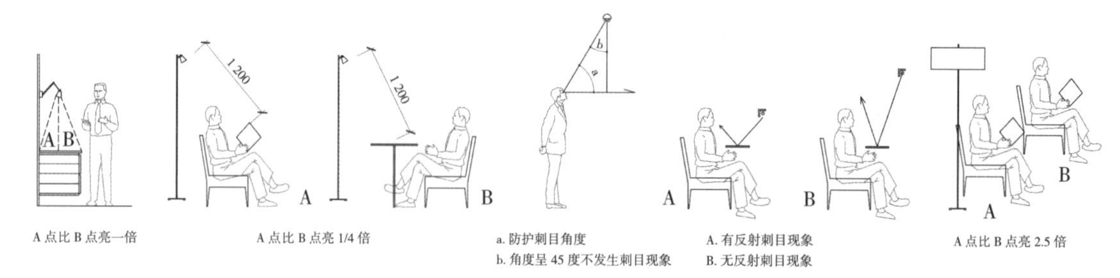

图6-1　灯具与人体的位置

3. 灯光照明的投射范围

灯光照明的投射范围是指保证被照对象达到照度标准的范围，这取决于人们办公活动作业的范围及相关物体对照明的要求。投射面积的大小与发光体的强弱、灯具外罩的形式、灯具的高低位置及投射的角度相关。照明的投射范围使室内空间形成一定的明、暗对比关系，产生特殊的气氛，有助于集中人们的注意力，例如：在企业展示区，对展示物品加强光照，以吸引人们注意。因此，在进行设计时，必须以具体用光范围为依据，合理确定投射范围，并保证照度。即使是装饰性照明，也应根据装饰面积的大小进行设计。

4. 照明灯具的选择

人工照明离不开灯具，灯具的作用不仅仅是提供光源，它也是办公空间装饰的一部分，起到美化环境的作用。随着办公空间、家具尺度以及人们办公方式及理念的变化，光源、灯具的材料、造型与设置方式都在发生变化。灯具与办公空间环境结合起来，可以创造不同风格的室内情调，取得良好的照明及装饰效应。常用的灯具形式有以下几种：

（1）吊灯。吊灯是悬挂在室内屋顶上的照明工具，经常用作大面积范围的一般照明。大部分吊灯带有灯罩，灯罩常用金属、玻璃和塑料制成。用作普通照明时，多悬挂在距地面2.1m处；用作局部照明时，大多悬挂在距地面1～1.8m处。在开放办公空间内运用较多（见图6-2）。

图6-2　吊灯（新东方北京海兴办公室，昱华建筑设计）

（2）吸顶灯。直接安装在天花板上的一种固定式灯具，作室内一般照明用。吸顶灯种类繁多，外形有条状、块状和圆形等。吸顶灯多用于整体照明，办公室、会议室、走廊等地方使用较多（见图 6–3）。

图 6-3　吸顶灯（金一文化北京办公室，熙 · 空间设计）

（3）嵌入式灯。嵌在吊顶里的灯具，具有较好的下射配光，灯具有聚光型和散光型两种。聚光型灯一般用于局部照明，散光型灯一般多用作局部照明以外的辅助照明（见图 6–4）。

图 6-4　嵌入式灯（ZODIAC-ALL INN“凹空间”文化创意产业集成孵化中心，CCDI 丠智室内设计中心设计）

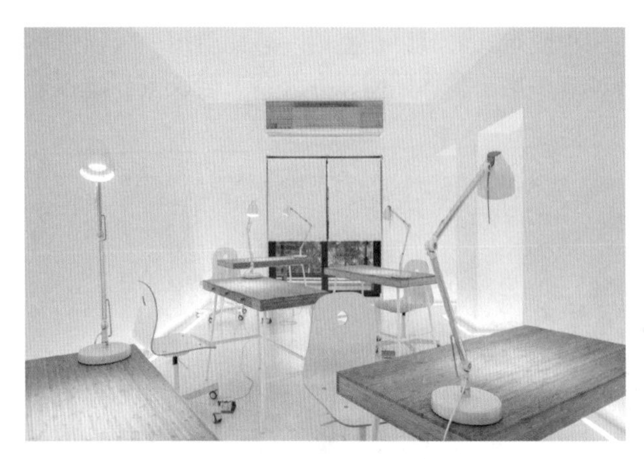

⊙图 6-5　台灯（某武汉办公空间，异向计合设计，汪海波摄影）

（4）壁灯。壁灯是一种安装在墙壁建筑支柱及其他立面上的灯具，一般用作补充室内一般照明，壁灯设在墙壁上和柱子上，它除了有实用价值外，也有很强的装饰性，使平淡的墙面变得光影丰富。壁灯的光线比较柔和，作为一种背景灯，可使室内气氛显得优雅，常用于办公空间门厅、走道等，壁灯安装高度一般在 1.8～2m 之间。

（5）台灯。台灯主要用于局部照明，可用于办公桌及阅览室。它不仅是照明器，也是很好的装饰品，对室内环境起美化作用（见图 6–5）。

（6）立灯。立灯又称“落地灯”，也是一种局部照明灯具。它常摆设于沙发和茶几附近，用于待客、休息和阅读照明（见图 6–6）。

（7）轨道射灯。轨道射灯由轨道和灯具组成。灯具沿轨道移动，灯具本身也可改变投射的角度，是一种局部照明用的灯具。主要特点是可以通过集中投光以增强某些特别需要强调的物体，常用于企业展厅、书架等室内照明（见图 6–7）。

以上灯具是在室内光环境设计中用的比较多的形式，此外还有应急照明灯具、艺术造型灯具、隐式灯带等，这里不再一一介绍。

（二）办公空间照明设计的程序

办公空间照明设计的程序可分为以下步骤：

⊙图 6-6　立灯（宁波雪域凌云联合办公空间，玉米设计）

⊙图 6-7　轨道射灯（新橙科技有限公司北京办公室，艾迪尔设计）

1. 明确照明设施的目的与用途

进行照明设计时首先要确定此照明设施的目的与用途，是设置在办公室、会议室、门厅、走道还是茶水区，如果是多功能会议室，则需满足其多种功能的照明需求。

2. 光环境构思及光通量分布的初步确定

根据办公空间不同功能区的设计要求，进行光环境与光能分布。如办公用房以工作照明为主，照明环境应做到均匀的照度与合理的亮度，无炫光，氛围应体现高效便捷。又如接待等候区要有宁静舒适的气氛，适当展现企业文化。

3. 照度的确定

根据办公空间各功能区的用途，参考办公空间标准照度表，确定各功能空间的照度值。

4. 照明方式的确定

1）照明方式的分类

（1）一般照明。它是指全室内的照明基本一致，多用在办公用房等场所。一般照明的优点是：①即使室内工作布置变化，也勿需变更灯具的种类与布置；②照明设备的种类较少；③均匀的光环境。

（2）分区一般照明。它是指将工作对象和工作场所按功能来布置照明。用这种方式照明所用的照明设备，也兼作房间的一般照明。分区一般照明的优点是：工作场所的利用系数高，由于可变灯具的位置，能防止产生使人心烦的阴影和眩光。

（3）局部照明。在小范围内，对各种对象采用个别照明方式，富有灵活性。

（4）混合照明。它是指上述各种方式综合使用。

此外，照明方式按光源的可见性也可分为：间接照明、半间接照明、直接间接照明、漫射照明。

2）照明方式的选择。

一般来说，对整个房间总是采取一般照明方式，而对工作面或需要突出的物品采用局部照明。例如：办公室往往用荧光灯具作一般照明，而在办公桌上设置台灯或局部悬吊灯作局部照明；又如展览区整个区域是一般照明，而对展品用射灯作局部照明。因此房间用途确定了，照明方式也就随之确定。

5. 光源的选择

各种光源在光强、亮度、色温、显色指数等方面各有特长，可用在不同的照明空间中。常用的光源形式有点、线、面三种，点光源是一种空间确定性很强的光源形式，具有明确、稳定的特点。线光源保持着“线”的特性，具有延展感，体现着流动之美，在综合性空间中，线光源的使用起到组织和联络空间的作用，能够引导视线的拓展，扩大视野范围。面光源是指通过较大面的滤光罩面透射光线的光源，具有光线均匀、柔和的特点，易形成区域感。

6. 灯具的选择

在照明设计中选择灯具时，应综合考虑以下几点：①灯具的光特性：灯具效率、配光、利用系数、表面亮度、眩光等；②经济性：价格、光通比、电消耗、维护费用等；③灯具使用的环境条件：是否要防爆、防潮、防震等；④灯具的外形与建筑物及室内环境是否协调等。

7. 灯具的布置

照明方式有一般照明、分区一般照明、局部照明和混合照明，布灯方法也随照明方式而定。一般情况下，灯具的平面布置方式分为均匀布置和选择布置两种。均匀布置即不考虑工作位置或其他物件的空间位置的布局方式。选择布置即根据工作位置或其他物件的空间位置，来确定灯具位置的布局方式。

对办公空间中的主次空间应进行区别布灯，一个安排合理的、完整的办公空间，它内部的各功能空间不存在绝对平衡的处理，空间有主有次。照明设计要在装饰设计的基础上进一步凸显主要空间的主导地位，明确空间的功能特性。在照明的组织手段、灯具的配光效果等方面，主要空间可以酌情丰富，形成光环境的主次差别。主要空间照明设计的着重性还体现在灯具形态、经济投入的适当侧重等方面。次要空间是主要空间功能价值实现的保障。次要空间照明设计要遵循与主要空间一脉相承的原则，在处理度上要适度降低，但不可以相差甚远。

第三节　办公空间的声环境

办公空间需要良好的声音环境，随着建筑技术的不断提高，人们对声学质量的要求也在提高。办公空间中主要需解决隔声、吸声、反射、混响等问题，提高声音质量。影响办公空间声环境的因素有：外界的声音干扰、相邻房间的声音干扰、房间内声音的混响以及设备运作时引起的震动。

在办公空间中，吸音材料能有效消除和减弱室内声音的能量，隔声材料能防止外界或相邻房间噪音的侵入和干扰。

一、吸音材料

（一）常用吸声材料的结构分类

1. 多孔吸声材料

多孔吸声材料从表到里都具有大量内外连通的微小间隙和连续气泡，有一定的通气性。材料吸声的效果与材料的厚度、体积密度以及声音频率有关（见表 6-4）。

2. 共振吸声材料

薄膜、薄板共振吸声材料是将皮革、人造革、塑料薄膜等材料固定在框架上，背后留有一定的空气层，构成薄膜共振吸声结构。穿孔板组合共振吸声结构是在各种穿孔板、狭缝板背后设置空气层形成吸声结构，属于空腔共振吸声类结构。

3. 特殊吸声材料

特殊吸声材料结构包括吸声尖劈和空间吸声体。空间吸声体与一般吸声材料的区别在于它不是与顶棚、墙体等壁面组成吸声结构，而是一种悬挂于室内的吸声结构，它自成体系。

表 6-4　常用吸声材料及其主要性质

品种	厚度 / cm	体积密度 / $kg.m^{-3}$	不同频率下的吸声系数						其他性质	装置情况
			125	250	500	1000	2000	4000		
石膏砂浆（掺有水泥、玻璃纤维）	2.2		0.24	0.12	0.09	0.30	0.32	0.83		粉刷在墙上
水泥膨胀珍珠岩板	2	350	0.16	0.46	0.64	0.48	0.56	0.56	抗压强度为 0.2～1.0MPa	贴实
岩棉板	2.5	80	0.04	0.09	0.24	0.57	0.93	0.97		贴实
	2.5	150	0.07	0.10	0.32	0.65	0.95	0.95		
	5.0	80	0.08	0.22	0.60	0.93	0.98	0.99		
	5.0	150	0.11	0.33	0.73	0.90	0.80	0.96		
	10	80	0.35	0.64	0.89	0.90	0.96	0.98		
	10	150	0.43	0.62	0.73	0.82	0.90	0.95		
矿渣棉	3.13	210	0.10	0.21	0.60	0.95	0.85	0.72		贴实
	8.0	240	0.35	0.65	0.65	0.75	0.88	0.92		
玻璃棉、超细玻璃棉	5.0	80	0.06	0.08	0.18	0.44	0.72	0.82		贴实
	5.0	130	0.10	0.12	0.31	0.76	0.85	0.99		
	5.0	20	0.10	0.35	0.85	0.85	0.86	0.86		
	15.0	20	0.50	0.80	0.85	0.85	0.86	0.80		
脲醛泡沫塑料	5.0	20	0.22	0.29	0.40	0.68	0.95	0.94	抗压强度大于 0.2MPa	贴实
软质聚氨酯泡沫塑料	2.0	30～40			0.11	0.17		0.72		贴实
	4.0	30～40			0.24	0.43		0.74		
	6.0	30～40			0.40	0.68		0.97		
	8.0	30～40			0.63	0.93		0.93		
吸声泡沫玻璃	4.0	120～180	0.11	0.32	0.52	0.44	0.52	0.33	开口孔隙率达 40%～60%，吸水率高，抗压强度为 0.8～4.0MPa	贴实
地毯	厚		0.20		0.30		0.50			铺于木搁栅楼板上
帷幕	厚		0.10		0.50		0.60			有折叠、靠墙装置

续表

品种	厚度 / cm	体积密度 / kg.m^{-3}	不同频率下的吸声系数						其它性质	装置情况
			125	250	500	1000	2000	4000		
☆装饰吸声石膏板（穿孔板）	1.2	750～800		0.08 M 0.12	0.60	0.40	0.34		防火性、装饰性好	后面有 5～10cm 的空气层
☆铝合金穿孔板	0.1								孔径为 6mm，孔距为 10mm，耐腐蚀、防火、装饰性好	后面有 5～10cm 的空气层

注：①表中数值为驻波管法测得的结果。
②材料名称前有☆者为穿孔板吸声材料。

（二）影响材料吸声性能的主要因素

1. 材料的表观密度

对同一种多孔材料，表观密度增大时，对低频的吸声效果提高，对高频的吸声效果降低。

2. 材料内部孔隙率及孔隙特征

一般来讲，坚硬、光滑、结构紧密和重的材料吸声能力差，而具有互相贯穿内外微孔的多孔材料吸声性能好。吸声材料（结构）都具有粗糙及多孔的特性。

3. 材料的设置位置

内部的墙面、地面、顶棚等部位，应选用适当的吸声材料。除了采用多孔吸声材料吸声外，还可将材料组成不同的吸声结构，如薄板共振吸声结构和穿孔板吸声结构。

4. 材料的厚度

增加材料的厚度可提高对低频的吸声效果，而对高频的吸收则没有明显影响。

二、隔声材料

（一）隔声材料的作用

隔绝空气声主要服从质量定律，即材料的体积密度越大，隔声性能越好。

对于隔绝固体声，主要采用具有一定柔性、弹性或弹塑性的材料，利用它们产生一定的变形来减小撞击声，并在构造上使之成为不连续结构。

（二）墙体隔声的方法

最简单的做法就是使用隔声板。当墙面有窗时，应采用双道玻璃密封窗，玻璃之间应留有一定的空气层。隔声门要用厚重密实的材料组成，门缝加密封胶条。针对设备震动，可采用弹簧、橡胶垫（圈）等缓冲措施。

三、办公空间声学基本标准

噪声级即描述噪音大小的等级分类，分贝是声压级单位，记为 dB，用于表示声音的大小。1 分贝大约是人刚刚能感觉到的声音。适宜的生活环境不应超过 45 分贝，不应低于 15 分贝。

按普通人的听觉：0～20dB，很静，几乎感觉不到；20~-40dB，比较安静，犹如轻声细语；40～60dB，一般普通室内谈话声；60～70dB，吵闹，有损神经；70～90dB，很吵，神经细胞受到破坏；90～100dB，吵闹加剧，听力受损。

日常办公空间中，轻声交谈的声音，在有相应的围护结构隔声条件下，足以保证语言交谈等办公活动的效率。在一个大的共享空间里，数十人（甚至更多的人）办公，对噪音要求相对宽松，人员交流时的一般语言交谈不会引起对相邻房间办公活动的明显干扰。如果办公空间内的噪音超过 57dB（A），就必须提高噪音以抵消背景噪声，也将导致室内噪声级的提高。在此空间里，常有办公设备的运行、操作声，有时播放大致 50dB（A）的掩蔽声（可以是音乐）作为基本的背景噪声，这样可适当掩蔽办公设备运行噪声和操作的噪声。办公空间对房间噪音、隔墙楼板的隔声、空气声隔声、撞击声隔声等有相应的声学基本标准要求。

1. 办公室、会议室内的噪声标准

一般来说，办公室、会议室内应该避免使用制造噪音的设备，如打印机、传真机等，以及禁止在办公室、会议室内喧哗、大声喊叫、跺脚等行为。同时，在室内安装吸音材料、挂上窗帘等措施也有助于降低噪音水平。保持室内的安静和舒适不仅可以提高办公及会议效率，还可以保护办公人员的听力健康（见表 6-5）。

表 6-5　办公室、会议室内的噪声标准

房间名称	允许噪声级（A 声级）/dB	
	高要求标准	低限标准
单人办公室	≤35	≤40
多人办公室	≤40	≤45
电视电话会议室	≤35	≤40
普通会议室	≤40	≤45

注：允许噪声级是指室内无人占用、空调系统正常运转条件下应符合的噪声级。

办公室、会议室的室内允许噪声级按安静程度划分为两个档次的标准，以适应不同标准的办公建筑。其中的低限标准是所有办公室、会议室都应达到的最低要求标准。

2. 办公室、会议室的空气声隔声性能

房间与房间之间的噪音干扰、楼上楼下的噪音干扰都是对办公声音环境不利的，因此设计中对隔墙、楼板、门、窗也有相应的隔声要求（见表6–6至表6–9）。

表6–6　办公室、会议室隔墙、楼板的空气声隔声性能

构件名称	空气声隔声单值评价量 + 频谱修正量 /dB	高要求标准	低限标准
办公室、会议室与产生噪声的房间之间的隔墙、楼板	计权隔声量 + 交通噪声频谱修正量 R_w+C_{tr}	>50	>45
办公室、会议室与普通房间之间的隔墙、楼板	计权隔声量 + 粉红噪声频谱修正量 R_w+C	>50	>45

表6–7　办公室、会议室与相邻房间之间的空气声隔声性能

构件名称	空气声隔声单值评价量 + 频谱修正量 /dB	高要求标准	低限标准
办公室、会议室与产生噪声的房间之间	计权标准化声压级差 + 交通噪声频谱修正量 $D_{nT,w}+C_{tr}$	≥50	≥45
办公室、会议室与普通房间之间	计权标准化声压级差 + 粉红噪声频谱修正量 R_w+C	≥50	≥45

表6–8　办公室、会议室的外墙、外窗（包括未封闭阳台的门）和门的空气声隔声性能

构件名称	空气声隔声单值评价量 + 频谱修正量 /dB	
外墙	计权隔声量 + 交通噪声频谱修正量 R_w+C_{tr}	≥45
临交通干线的办公室、会议室的外窗	计权隔声量 + 交通噪声频谱修正量 R_w+C_{tr}	≥30
其他外窗	计权隔声量 + 交通噪声频谱修正量 R_w+C_{tr}	≥25
门	计权隔声量 + 交通噪声频谱修正量 R_w+C_{tr}	≥20

表6–9　办公室、会议室顶部楼板的撞击声隔声性能

构件名称	撞击声隔声单值评价量 /dB			
	高要求标准		低限标准	
	计权规范化撞击声压级 $L_{n,w}$（实验室测量）	计权标准化撞击声压级 $L'_{nT,w}$（现场测量）	计权规范化撞击声压级 $L_{n,w}$（实验室测量）	计权标准化撞击声压级 $L'_{nT,w}$（现场测量）
办公室、会议室顶部的楼板	<65	≤65	<75	

四、办公空间声学设计

降低办公空间的噪声，将室内背景噪声严格控制在适宜的范围内是办公空间声环境设计的主要任务。

(一) 独立办公用房声学设计要点

在办公空间中，经理办公室、财务办公室、人事办公室、会议室等专用办公用房常会隔离出独立的办公空间。此类办公用房语言私密性要求较高，因此，需注意其室内背景噪声及隔声的控制。

①应避免将独立办公用房与有明显噪声源的房间相邻布置；②独立办公用房上部（楼层）不得布置产生高噪声（含设备、活动）的房间；③走道两侧布置办公室时，相对房间的门宜错开设置；④新建隔墙需采取隔音措施；⑤对音质要求较高的独立办公用房，其墙面、地面、顶棚的材料需考虑吸音材料的使用；⑥临近城市干道及户外其他高噪声环境的独立办公用房，应依据室外环境噪声状况及所确定的允许噪声级，设计具有相应隔声性能的建筑围护结构（包括墙体、窗、门等各部件）。

(二) 开敞办公空间声学设计要点

现代办公空间常采用开敞办公室，此类开敞办公室由开敞的大空间与小的封闭空间相结合。开敞办公空间的声学设计的主要任务为：通过合理的吸声降噪以及背景噪声的控制达到提高语言听闻的私密度的效果。

语言私密度要求两个毗邻工作区之间的语言可懂度降低到最小限度，在两个工作区之间，声音允许被听到，但不能被完全听清。同时，要求最大限度地免除由于噪声干扰而使工作人员产生烦恼。

1. 提高分隔工作区屏障的隔声性能

一般来说，各个工作区由屏障分隔开。提高分隔工作区屏障的隔声性能是增加私密度的关键。屏障的隔声性能首先取决于本身的构造，其次是它的高度、宽度和形式。敞开式办公室内的屏障有结合平面布局和隔声要求而专门设计加工的，多数是利用文件柜、图桌和室内陈设做屏障。无论哪种屏障，它的高度一般低于 2m，宽度在 1.8m 左右。在这种情况下，声波衍射作用使毗邻工作区的声衰减受到很大的影响。大量现场测定的结果表明它不大于 20dB。因此，屏障本身的隔声量控制在 25dB 就足够了。

2. 提高顶棚和地面的声吸收，减少一次反射声。

①地面可以铺设地毯，8mm 厚及以上的短纤维地羊毛或化纤地毯，平均系数可达 0.5 左右；②吸声顶棚则有多种做法，一种是把顶棚直接做成强吸声构造，如采用玻纤吸声板、穿孔吸声铝板或聚砂无缝吸声饰面材料，这类构造由于吸声材料后面有较大的空腔，通常构成宽频带吸声结构，中、高频的吸声系数可在 0.8 以上；另一种措施是在反射的顶棚下吊置空间吸声体，它可获得 0.9 以上的吸声系数。

3. 提高墙面的吸声量

可以加强工作区周围壁面的声吸收。例如：周围的侧墙、窗或其他垂直面（屏障、文件柜）等应尽可能做与使用要求相结合的吸声处理：如设窗帘、文件柜或布置吸声软包、吸声陶铝板、吸声画等，侧墙与屏障的表面则必须做吸声处理。

4. 声掩蔽系统

为提高语言私密性及减少相互干扰，还可以在开敞办公室用扬声器播放无意义的宽频噪声，以对语言声进行掩蔽。由于决定语言清晰度的频率成分主要分布在 250～4 000Hz 范围内（最主要是 500～2 000Hz 范围内）。为改善掩蔽效果，掩蔽声应覆盖 250～4 000Hz 频率范围，其频谱应与语言声频谱相近。掩蔽声太低不足以保证相邻工作区之间的语言私密性；反之，掩蔽声太高，又会引起人们的烦恼。通常可把掩蔽声级控制在 40～50dBA 之间。

第四节　办公空间的小气候环境

现代办公空间的小气候环境涉及物理性、化学性、生物性与放射性因素，既关系到空间环境的舒适性，也关系到卫生安全性。

物理性主要指办公空间的温度、湿度、室内空气流动的风速及新风量。化学性主要指空气中各类化学元素的含量，特别需要关注有害成分的指标，例如：甲醛、氨、氡、二氧化碳、二氧化硫、氮氧化物等。生物性主要指空气中细菌的含量。放射性主要指建筑装饰材料的有害放射是否超标。

由人类活动和建筑装饰材料所产生的甲醛、氨、氡、二氧化碳、二氧化硫、氮氧化物、可吸入颗粒物、总挥发性有机物、细菌、苯等污染物会导致人们患上各种疾病，引起传染病传播。这些疾病具有普遍性和危害性，尤其是 2003 年严重急性呼吸综合征（SARS）的发生引起了全世界对空气环境卫生前所未有的关注。近年来，传染病对卫生环境的影响更趋严重，建筑通风成了一条重要的设计原则。建筑通风主要指通过开设窗口、洞口，或通过机械方式通风换气，保证办公建筑各类用房均能达到规定的空气质量。因此，营造优质舒适的办公环境，既需要控制空气的温度、湿度，也需要净化空气。

一、关于开窗面积

办公用房作为人们频繁活动的工作空间，宜采用直接自然通风，其通风面积的最低值参照国外建筑法规的规定和国内建筑行业的参考意见，普通可开启窗的通风面积与房间地面面积之比不应小于 1/20。

二、关于空调使用

根据办公建筑的分类、规模及使用要求，宜设置集中采暖、集中空调或分散式空调，并应根据当地的能源情况，经过技术经济比较，选择合理的供冷、供热方式。

（一）空调指标要求

1. 一类标准应符合下列条件

（1）室内温度：夏季应为 24℃，冬季应为 20℃；室内相对湿度：夏季应小于或等于

55%，冬季应大于或等于 45%；

（2）新风量每人每小时不应低于 30m^3；

（3）室内风速应小于或等于 0.20m/s；

（4）室内空气含尘量应小于或等于 0.15mg/m^3。

2. 二类标准应符合下列条件

（1）室内温度：夏季应为 26℃，冬季应为 18℃；室内相对湿度：夏季应小于或等于 60%，冬季应大于或等于 30%；

（2）新风量每人每小时不应低于 30m^3；

（3）室内风速应小于或等于 0.25m/s；

（4）室内空气含尘量应小于或等于 0.15mg/m^3。

3. 三类标准应符合下列条件

（1）室内温度：夏季应为 27℃，冬季应为 18℃；室内相对湿度：夏季应小于或等于 65%，冬季不控制；

（2）新风量每人每小时不应低于 30m^3；

（3）室内风速应小于或等于 0.30m/s；

（4）室内空气含尘量应小于或等于 0.15mg/m^3。

（二）采暖、空调系统的划分要求

（1）采用集中采暖、空调的办公建筑，应根据用途、特点及使用时间等划分系统；

（2）进深较大的区域，宜划分为内区和外区，不同的朝向宜划为独立区域；

（3）全年使用空调的特殊房间，如计算机房、电话机房、控制中心等，应设独立的空调系统。

（三）采暖、空调系统的控制要求

（1）采暖、空调系统宜设置温度、湿度自控装置；

（2）对于独立计费的办公室应装分户计量装置。

（四）关于吸烟室的设置

（1）设有全空调的办公建筑宜设吸烟室；

（2）吸烟室应有良好的通风换气设施；

（3）有禁烟要求的区域，办公建筑内不应设置吸烟室。

三、关于空气质量与污染物浓度

室内空气质量是用来指示环境健康和适宜居住的重要指标，主要的标准有含氧量、甲醛含量、水汽含量、颗粒物等，是一套综合数据，能够充分反应空气状况。

室内空气质量会受气体（特别是一氧化碳、氡、挥发性有机物）、悬浮粒子、微生物（霉菌、细菌）或是其他会影响健康情形的物质所影响。提升室内空气质量的主要方式是控制生成源、过滤、再配合通风来稀释污染物质。办公空间内可以通过定期清洁地毯来进

一步提高室内空气质量。

室内空气质量的确认需要收集空气样本、监控人们暴露在污染原中的情形、收集建筑表面的样本、并针对建筑物内的空气流动建立电脑模型。

为保护人体健康，预防和控制室内空气污染，办公建筑物室内环境在空气质量参数及检验方法方面有相关的规定。①室内空气质量各项指标应符合现行国家标准《室内空气质量标准》GB/T18883 的要求。②办公建筑室内建筑材料和装修材料所产生的室内环境污染物浓度限量应符合现行国家标准《民用建筑工程室内环境污染控制规范》GB 50325 的规定。

办公室内设计中对空气中的污染物提出了浓度限值（见表 6–10）。

表 6–10　五种对人体影响最严重污染物的室内浓度限值

污染物	办公建筑室内浓度限值（$Bg \cdot m^{-3}$）
氡	≤400
甲醛	≤0.10
苯	≤0.09
氨	≤0.2
挥发性有机化合物（TVOC）	≤0.6

四、关于生态化设计

现阶段，人类的生态环境遭到严重破坏，人们高度重视生态环境保护问题。在办公空间中积极融入生态元素，有利于环境的保护，也有利于营造健康的办公环境。

办公空间中生态设计的应用有助于：①提高办公空间利用率：在办公空间设计中需要保证工位设计的合理性，为小组与小组之间的高效沟通提供便利，满足员工的实际办公需求，减少不必要的空间浪费。②减少办公空间能耗：办公空间中要尽可能减少对各种资源的耗费量，鼓励使用自然采光与自然通风，照明与空调是办公空间内的两大能耗，因此，采光使用的灯应尽量采用节能的、绿色的；空调的使用也应遵循节能化的原则。③绿色材料的应用：在办公空间设计中要使用绿色的、低污染的、可回收性高、耗能低的材料，这样即可降低公司的本钱支出，又能提升办公环境的优越性。④增加室内绿植（见图 6–8）：长时间的室内工作不利于人们的身心健康，在办公空间设计中利用绿植设计不仅可以缓解办公人员的视觉疲劳，改善空气质量，而且会给办公空间添加生机和活

图 6–8　绿植墙面（协合新能源集团北京总部办公室门厅，PPCG 正品达设计）

力。在办公空间生态设计中，设计人员要充分发挥绿植的作用，保证办公空间设计和绿植摆放设计的合理性与一致性。同时，要按照一定的规范和要求摆放和设计绿植，例如：将绿植作为办公空间的隔断，这样不仅可以为办公空间提供鲜明的色彩，而且可以供人们欣赏。

第五节　办公空间的设备

一、给水排水

建筑的给排水系统由给水系统（生活给水、消防给水、生产给水）、中水系统及排水系统（雨水系统、污水系统）组成。在办公空间设计中，我们主要考虑生活用水和消防用水的问题。

（一）给水系统

给水系统是通过管道及辅助设备，按照办公空间的生活和消防的需要，有组织地输送到用水地点的设备系统网络。给水系统的任务是将经过净化处理达到标准后的水源通过给水系统输送到各用水点，为各类用户提供所需要的生活、消防等足够数量和要求的用水。

1. 生活给水

生活给水主要是满足生活饮用水以及各类卫生设备冲洗用水，供给人们饮用、盥洗、洗涤、淋浴、烹饪等，其水质必须符合国家规定的饮用水质标准。办公空间内生活用水需求各有不同，在具有餐饮或茶饮的空间，需考虑冷热饮用水的供应，在设计时需充分考虑用水设备与水管的铺设。

2. 消防给水

在办公空间内，消防给水系统必须与生活给水系统分开设置，消防给水系统主要是满足办公空间消防灭火用水，其水质要求不高，在办公空间内消防用水设备一般用红色提示。

（二）排水系统

办公空间内的排水系统是通过管道及附属设备把生活过程中所产生的污水、废水及时排放出去的设备系统网络。排水系统主要由排水管、透气管、清通设备、污水泵、检查井、化粪池、隔油池（或污水处理器）等设备组成。

二、暖通空调

现代化的办公空间内，空调设备几乎已经成为必需品。根据当地的能源情况，气候情况，办公建筑的分类、规模及使用要求，采暖与空调的形式也各有不同。北方冬季提供城市供暖的区域宜设置集中采暖；夏季根据办公建筑的条件不同，可采用集中空调或分散式空调。

在设置空调时，需注意以下问题：①避免影响室内净高，办公空间对室内净高有一定要求，空调的通风管道一般尺寸较大，且不宜穿梁，因此，设计时需考虑空调管道的走向布置及室内顶棚设计。②避免与灯具及消防设备冲突，办公空间内灯具、消防喷淋、空调的布置会影响空间的使用和美观，设计时需注意主次问题与整体协调性。③空调管线敷设时，应注意冷凝水问题。④避免能源浪费，办公空间宜根据室内各功能空间的用途、特点及使用时间等划分不同的空调控制区域，宜进行分区管理；办公空间面积较大时，宜划分为内区和外区，进行分区管理。如计算机房、电话机房、控制中心等，应设独立的空调系统。

三、建筑电气

办公空间内的电气设计主要为照明设计及设施设备的供电设计，设计时需要注意以下问题：①需考虑室内用电负荷，谨慎使用能耗大的设备；②办公空间内的电气管线应暗敷，管材及线槽应采用非燃烧材料，避免安全隐患；③人工照明应采用高效、节能的荧光灯及节能型光源，灯具应选用无眩光的灯具，减少能耗；④办公空间的火灾自动报警、自动灭火、火灾事故照明、疏散指示标志、消防用电设备等电源与回路和消防控制室的设计应符合现行国家有关防火规范的规定；⑤电气的管线敷设应与弱电管线敷设分开，避免信号干扰。

四、消防系统

办公空间的消防系统主要由火灾自动报警系统、自动或半自动灭火系统及各辅助系统组成。消防系统通过感应系统自动捕捉火灾探测区域内火灾发生时的烟雾或热气，由现场探测器向火灾报警控制器发出报警信号，联动警铃、广播发出报警信号，同时联动消防水泵、防排烟风机、防火卷帘等，实现火灾监测、报警、灭火的自动化。

办公空间的疏散系统主要由事故照明、安全疏散标志、疏散广播系统、应急电源及各辅助系统组成。

五、建筑智能化

近年来，随着信息网络技术的发展及办公舒适要求的提高，办公空间智能化的运用也越来越广，在门禁系统、灯光系统、空调系统方面都可以看到智能化的运用。办公智能化是综合信息系统、安全防范系统、设备监控系统、办公自用系统、自动消防系统等的集合（见表 6–11）。办公智能化有效提升了企业的工作效率，节省了办公能耗。

表 6–11　智能化办公运用系统图

主系统	综合信息系统	安全防范系统	设备监控系统	办公自用系统	自动消防系统
子系统	计算机网络系统 语音通信系统 综合布线系统 卫星及有线电视系统 手机信息覆盖系统 机房工程	视频安防监控系统 入侵报警系统 电子巡查系统 出入口控制系统 停车场管理系统 保安无线对讲系统	建筑设备监控系统 能耗计量系统 智能照明系统	多媒体信息发布系统 一卡通系统 智能会议系统	自动监测系统 自动报警系统 自动灭火系统

办公空间智能化设计应符合现行国家标准《智能建筑设计标准》的规定。办公空间通过敷设信息通信网络系统实现办公自动化功能。布线方式应采用综合布线系统，满足语音、数据、图像等信息传输的要求。办公智能化的发展非常迅速，设计师必须与时俱进。

第七章

办公空间的尺度

第一节　空间的尺度

办公空间尺度涉及空间使用者对空间使用的合理性与舒适性要求，“以人为本”是空间尺度设计最重要的原则。设计师需要对空间的使用规模、功能、动线、安全及员工心理等因素作统一协调后才能确定空间的尺度。办公空间中的尺度有一部分已经在设计规范中有明确规定，也有一些是比较灵活的尺寸，需设计师根据实际情况合理控制。

一、设计规范中有明确规定的空间尺度

（一）净高

室内净高是指楼面或地面至上部楼板底面、梁底或吊顶底面之间的垂直距离。房间的净高与人体活动尺度有很大关系；不同类型的房间由于使用人数不同、房间面积不同，其净高要求也不同，在实际建筑设计中，公共性的房间如门厅、会议厅应高一些，非公共性的房间则可以低一些；房间内的家具设备尺寸以及人使用家具所需要的空间也影响着房间的净高。

根据办公建筑分类，办公室的净高应满足：一类办公建筑不应低于 2.7m；二类办公建筑不应低于 2.6m；三类办公建筑不应低于 2.5m。办公建筑的走道净高不应低于 2.2m，贮藏间净高不应低于 2m。

根据办公空间内空调的设置与吊顶的设计，办公室的净高还应满足以下要求：有集中空调设施并有吊顶的单间式和单元式办公室净高不应低于 2.5m；无集中空调设施的单间式和单元式办公室净高不应低于 2.7m；有集中空调设施并有吊顶的开放式和半开放式办公室净高不应低于 2.7m；无集中空调设施的开放式和半开放式办公室净高不应低于 2.9m。

（二）疏散距离

疏散距离是指建筑物内最远处到外部出口或楼梯最大允许距离。安全疏散设施包括安全出口，即疏散门、过道、楼梯、事故照明和排烟设施等。

（1）办公建筑内的开放式、半开放式办公室，其室内任何一点至最近的安全出口的直线距离不应超过 30m。

（2）直通疏散走道的房间疏散门至最近安全出口的直线距离应符合疏散距离要求（见表 7–1）。

表 7–1　直通疏散走道的房间疏散门至最近安全出口的直线距离

名称		位于两个安全出口之间的疏散门 /m			位于袋形走道两侧或尽端的疏散门 /m		
		一、二级	三级	四级	一、二级	三级	四级
办公空间	单层、多层	40	35	25	22	20	15
	高层	40	—	—	20	—	—

注：①建筑内开向敞开式外廊的房间疏散门至最近安全出口的直线距离可按本表的规定增加 5m。
②直通疏散走道的房间疏散门至最近敞开楼梯间的直线距离，当房间位于两个楼梯之间时，应按本表的规定减少 5m；当房间位于袋形走道两侧或尽端时，应按本表的规定减少 2m。
③建筑物内全部设置自动喷水灭火系统时，其安全疏散距离可按本表的规定增加 25%。

（三）走道及楼梯的净宽

走道及楼梯是安全疏散中重要的设施，其净宽直接影响疏散的速度，因此在设计中务必认真考虑走道与楼梯的最小净宽，保障日常及紧急状态下人们的安全疏散（见表 7–2）。

表 7–2　办公空间中疏散走道和疏散楼梯的最小净宽度

走道长度 /m	走道净宽 /m		疏散楼梯净宽 /m
	单面布房	双面布房	
≤40	1.3	1.5	1.2
>40	1.5	1.8	

注：高层内筒结构的回廊式走道净宽最小值同单面布房走道。

（四）办公室用房面积

办公室用房面积是指办公空间内独立办公室或开放办公室的净面积，是指实际使用面积，不包含混凝土、砖砌体结构等结构构件所占面积。

（1）普通办公室每人使用面积不应小于 $4m^2$，单间办公室净面积不应小于 $10m^2$。

（2）手工绘图室每人使用面积不应小于 $6m^2$；研究工作室每人使用面积不应小于 $7m^2$。

（3）党政机关办公室面积要求需按照《政务机关办公用房建设标准》执行（见表 7–3）。

表 7-3　各级工作人员办公室使用面积规定

类别	适用对象	使用面积（m^2/人）	类别	适用对象	使用面积（m^2/人）
中央机关	部级正职	54	市级机关	市级正职	42
	部级副职	42		市级副职	30
	正司（局）级	24		正局（处）级	24
	副司（局）级	18		副局（处）级	18
	处级	12		局（处）级以下	9
	处级以下	9	县级机关	县级正职	30
省级机关	省级正职	54		县级副职	24
	省级副职	42		正科级	18
	正厅（局）级	30		副科级	12
	副厅（局）级	24		科级以下	9
	正处级	18	乡级机关	乡级正职	由省级人民政府按照中央规定和精神自行做出规定，原则上不得超过县级副职
	副处级	12		乡级副职	
	处级以下	9		乡级以下	

（五）会议室面积

会议室面积即会议室的使用净面积，不包含混凝土、砖砌体结构等结构构件所占面积。会议室的面积一般由会议室的使用人数、使用功能、桌椅设置、使用设备等决定。

（1）按使用要求可分设中、小会议室和大会议室。

（2）中、小会议室可分散布置。小会议室使用面积不宜小于 $30m^2$，中会议室使用面积不宜小于 $60m^2$。中、小会议室每人使用面积：有会议桌的不应小于 $2m^2$/人，无会议桌的不应小于 $1m^2$/人。

（3）大会议室应根据使用人数和桌椅设置情况确定使用面积，平面长宽比不宜大于 2∶1；大会议室宜有扩声、放映、多媒体、投影、灯光控制等设施，并应有隔声、吸声和外窗遮光措施；大会议室所在层数、面积和安全出口的设置等应符合国家现行有关防火标准的规定。大会议室应根据需要设置相应的休息、设备、储藏及服务空间。

（六）卫生间的设置

卫生间的设置宜分设前室，或有遮挡措施。无前室的卫生间外门不宜直接开向办公用房或门厅等空间。卫生间内宜设置独立的清洁间，内设拖布池、拖布挂钩及清洁用具存放的柜架。男女卫生间宜相邻或靠近布置，便于寻找和上下管道集中布置，但应避免视线干扰。卫生间内宜有自然采光和直接自然通风。无通风窗口的卫生间应有机械通风换气装置。办公空间内的公共卫生间服务半径不宜大于 50m，卫生间的洁具数量根据办公人数设置（见表 7–4）。

表 7–4　卫生洁具设置标准

女性使用人数 / 人	便器数量 / 个	洗手盆数量 / 个	男性使用人数 / 人	大便器数量 / 个	小便器数量 / 个	洗手盆数量 / 个
1～10	1	1	1～15	1	1	1
11～20	2	2	16～30	2	1	2
21～30	3	2	31～45	2	2	2
31～50	4	3	46～75	3	2	3
当女性使用人数超过 50 人时，每增加 20 人，增设 1 个便器和 1 个洗手盆			当男使用人数超过 50 人时，每增加 30 人，增设 1 个便器和 1 个洗手盆			

注：①当使用总人数不超过 5 人时，可设置无性别卫生间，内设大、小便器及洗手盆各 1 个；
②为办公门厅及大会议室服务的公共厕所应至少各设一个男、女无障碍厕位；
③每间厕所大便器为 3 个以上者，其中 1 个宜设坐式大便器；
④设有大会议室（厅）的楼层应根据人员规模相应增加卫生洁具数量。

（七）门的设置

门的主要作用是交通出入、分隔和联系建筑空间。在消防疏散中，门也起着极其重要的作用，门的数量、位置即门洞的宽度直接影响着室内人员向外的疏散效率，因此，在设计中对门的设置有着严格的规范要求。

办公空间的门洞口宽度不应小于 1m，高度不应小于 2.1m。

高层办公建筑中位于两个安全出口之间的房间，当其建筑面积不超过 $60m^2$ 时，可设置一个门，门的净宽不应小于 0.9m。位于走道尽端的房间，当其建筑面积不超过 $75m^2$ 时，可设置一个门，门的净宽不应小于 1.4m。

门的数量与位置应符合防火规范要求，综合考虑办公空间内人数、疏散距离及防火分区的设计。

（八）窗的设置

采用自然通风的办公室，其通风开口面积不应小于房间地板面积的 1/20。

办公室应有自然采光，会议室宜有自然采光。办公建筑的采光标准可采用窗地面积比进行估算（见表 7–5）。

表 7-5　办公空间中的窗地面积比

采光等级	房间类别	侧面采光 窗地面积比（窗 / 地）	顶部采光 窗地面积比（窗 / 地）
Ⅱ	设计室、绘图室	1/4	1/8
Ⅲ	办公室、会议室	1/5	1/10
Ⅳ	复印室、档案室	1/6	1/13
Ⅴ	走道、楼梯间、卫生间	1/10	1/23

二、设计中常用的一些空间尺度

在设计规范没有明确规定空间尺寸时，我们应该从空间的实际使用角度出发，平面布置中需考虑空间的使用人数、家具配置数量、家具与设备的具体尺寸、家具与设备的使用空间尺寸、交通空间尺寸。

（一）常用办公空间的开间与进深

房间的主要采光面称为开间（或面宽），与其垂直的方向称为进深。一般开间越大采光和通风条件越好，而进深越大则可以有效节约用地。

1. 办公室

办公室的开间与进深并没有明确规定，从空间的使用来说，开间与进深呈黄金比例易于室内家具布置。一般小型办公室的开间不宜小于 3m，常见的开间尺寸为 3.3m、3.6m、3.9m、4.2m、4.5m、4.8m、5.1m、5.4m、5.7m、6m、6.6～12m（开敞办公），小型办公室的进深也不宜小于 3m，常见的进深尺寸为 3.6m、4.2、4.8m、5.4m、6m、6.6m、7.2m、7.5m。办公空间的净高不宜小于 2.7m，当常见的层高为 3m、3.3m、3.4m、3.6m、3.9m、4.2m。

一个容纳 20 人左右的开敞办公空间，按平均每人使用面积 $4m^2$ 计算，空间面积约在 $80m^2$ 左右。则办公空间的长度可设为 10.5m，宽度 7.2m，在办公空间内除布置常用的办公桌椅外，还需布置收纳公司资料与个人物品的柜子，以及一些办公设备如打印机、饮水机等；独立办公空间则需考虑其空间的具体使用功能，如仅用作办公使用则 $12m^2$ 左右大小即可，如需接待客户则需增加到 $20m^2$ 以上，随使用功能的增加面积也会相应增加，如超过 $50m^2$ 则宜内部分隔空间使用。

2. 会议室

会议室的面宽与进深尺寸同样没有严格的要求，一般根据预设会议使用人数及会议方式确定会议室的形状及大小。例如：一个小有规模的设计公司常设有三种规格的会议室，分别是：3～6 人洽谈室，8～16 人小会议室，20 人以上中会议室。

3～6 人的洽谈室可承担小型接待及商洽任务；普通员工交流讨论的洽谈室，一般 $4～9m^2$ 大小；而一些管理层用作高端会议与接待的微型会议室则面积要求在 $16m^2$ 以上。

8～16 人小会议室常常是部门之间、团队之间进行业务讨论的会议室，这类会议室的会议桌在 2.4m × 1.2m 左右，会议室空间尺寸一般在 7.5m × 4.5m 以上。

20人以上的会议室一般适用于中型对外会议，或者企业间的重要会议。会议室内的会议桌尺寸一般在4.8m×1.6m以上，会议室空间尺寸一般在9m×6.6m以上。

（二）欧美国家常用的办公空间面积要求

在美国，一般每个员工需要7.4m^{2}至9.3m^{2}的工作空间。此外，接待区和会议室的面积也需要计算在内。包括门厅、走廊和其他公共区域的面积为每个员工所用面积的25%。

英国对企业办公室的面积规定相对严格，每个员工应至少拥有11m^{2}的面积。此外，开放式的休息区、接待区和会议室的面积也需要计算在内。根据英国的规定，接待区的面积应该是每个员工所用面积的5%。

以下是欧美国家对不同级别工作人员办公空间的使用面积指标（见表7-6）。

表7-6　欧美国家常用的办公空间面积指标

办公空间类型	使用者	办公面积指标/m^2
独立办公室	高级行政领导	20～30
	部门经理	15～20
	项目经理	10～15
小组办公	从职人员	3～12
大组办公	从职人员	8～10
开放办公空间	从职人员	8～10
	秘书、打字员、管理员	5～9
	财务	7～9
成组空间	商务	5～10
接待会议空间	所有成员	1.5～2/人

第二节　家具的尺度

一、办公家具与人的活动

家具设计的本质是为人服务的，主要解决的是人的活动和家具使用关系的合理性问题。合适的办公家具将给人提供舒适的办公空间，办公家具尺寸大小尤为重要，为了满足人体工学尺寸，在安装工程设计和办公家具制作时，必然要考虑室内空间、办公家具摆设等与人体尺度的相关问题。

（一）办公桌的长、宽与人的上肢活动范围和视觉范围的关系（见图 7-1）

办公桌是工作人员最常使用的家具之一，人们在办公桌面上进行书写、拿取物品、操作设备、阅览资料等活动，办公桌的尺度与人的手臂活动范围、视觉识别范围有密切关系。

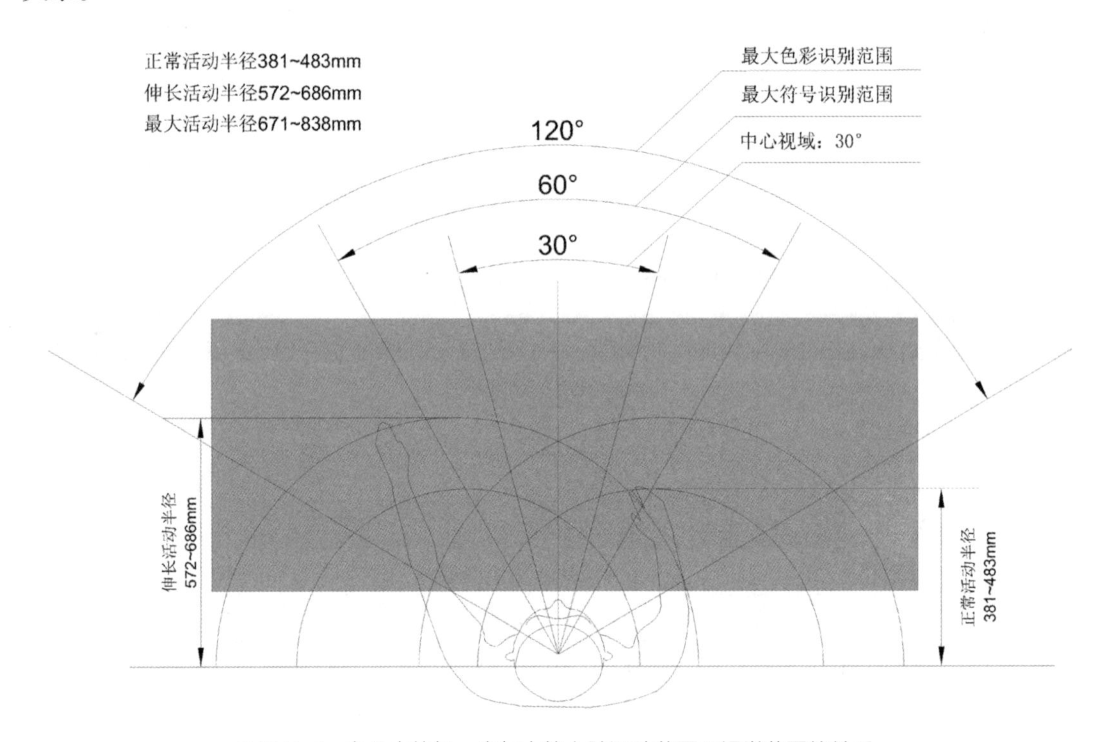

图 7-1　办公桌的长、宽与人的上肢活动范围和视觉范围的关系

（二）正常工作坐姿的人体尺寸（见图 7-2）

人体的坐姿直接影响办公桌的高度以及办公椅的坐高、坐深等尺寸。

坐高是指座面至地面的垂直距离，如果坐面存在后倾或呈凹面弧形，坐高则指坐前沿中心点到地面的垂直距离。适当的坐面高度：应使大腿保持水平，小腿垂直，双脚平放于地面上。座高太高，则两腿悬空会压迫大腿血管，太低则会引起身体疲劳。实践证明，合适的座高为小腿窝至足底高度加上 25～35mm 的鞋跟厚，再减去 10～20mm 的活动余量。

坐深是指椅面的前沿至后沿距离，坐深的深度对人体坐姿的舒适度影响很大。我国人体坐姿的大腿水平长度：男性平均为 445mm，女性平均为 425mm，然后保证坐面前沿离开膝盖内部有一定的距离（约 60mm），这样一般情况下坐深尺寸在 380～420mm 之间。

根据人体工程学研究，办公桌高度尺寸标准一般为 700mm、720mm、740mm、760mm 四个规格；桌椅高度差应控制在 280～320mm 范围内。

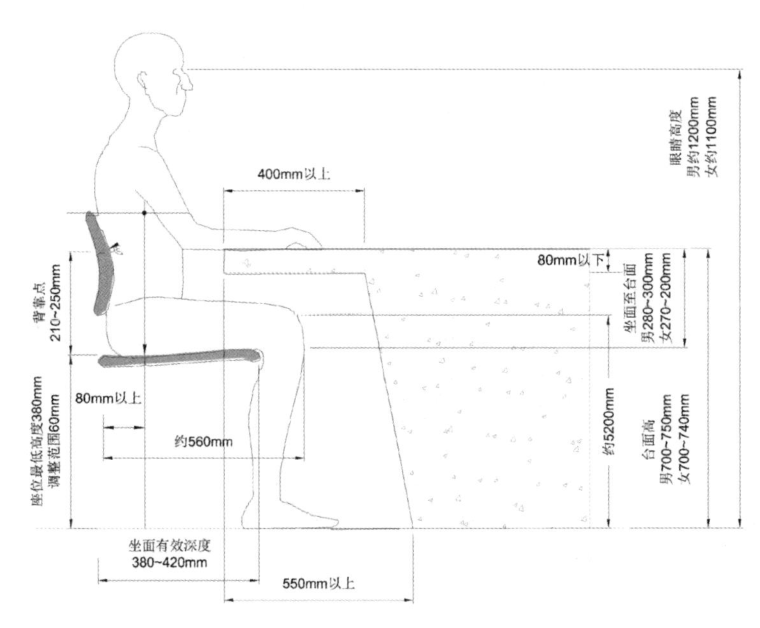

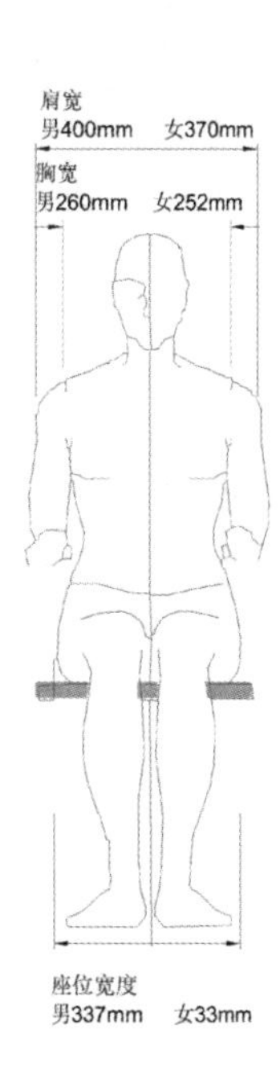

图 7-2 正常工作坐姿的人体尺寸

(三) 办公桌上方吊柜尺度 (见图 7-3)

吊柜是空间中处于家具上部的贮藏空间，其优点是能够充分利用有限的空间来存放尽量多的物品。其缺点是吊柜高层处，物品取放不方便。

办公桌上方吊柜依据个人身高、使用习惯来确定高度尺寸，根据中国女性的大致身高，一般吊柜高度能达到 175cm 左右；男性使用的吊柜高度能达到 182cm 左右。太高了，

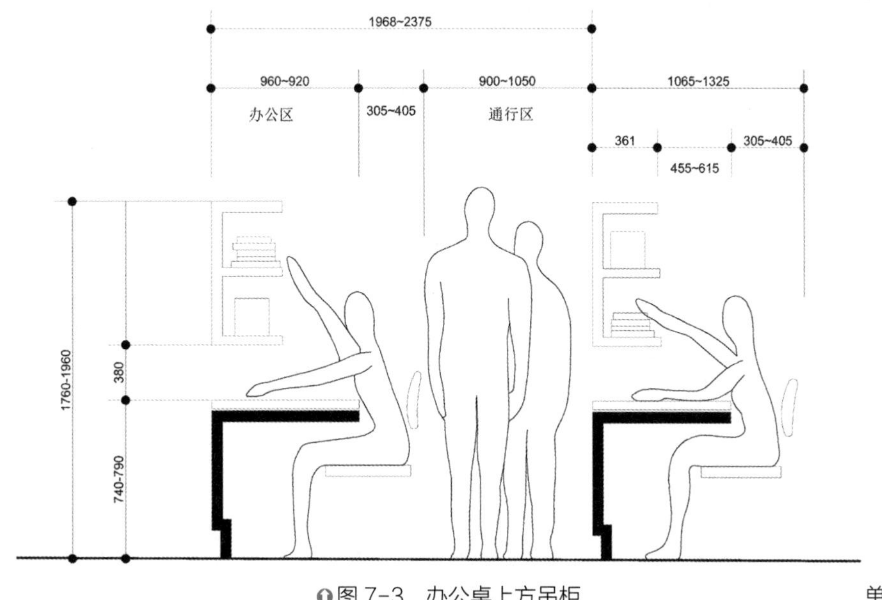

图 7-3 办公桌上方吊柜　　单位：cm

吊柜上面的东西不方便取放；太低了，则使用过程中容易发生磕碰。

吊柜深度一般在 300～450mm 之间，因为办公桌深度一般为 600mm 左右，吊柜过深，在使用过程中容易撞头。吊柜宽度受空间影响，变动比较大，一般吊柜宽度尽量不小于 350mm，柜门过大影响整体美视，过小摆放物品不方便，吊柜宽度的把握要考虑到整体橱柜的设计，两者要保持协调统一。

（四）取放资料的动作空间（见图 7-4、图 7-5）

取放资料的动作可分为坐姿与站姿。人们站立时的工作高度一般在 800～900mm 之间。最顺手的取放范围在 600～1 600mm。人们可伸手取物的高度一般在 1 750～1 900mm，最大可及高度略高一些。坐姿时人的工作高度在 700～760mm，手臂的活动范围在 572～686mm，坐姿时人的最佳活动范围是 920～1 450mm。

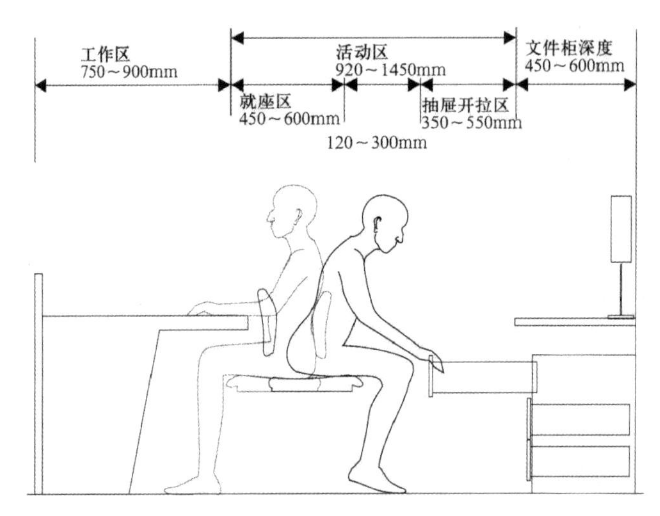

图 7-4　舒展的取放活动空间（低柜）

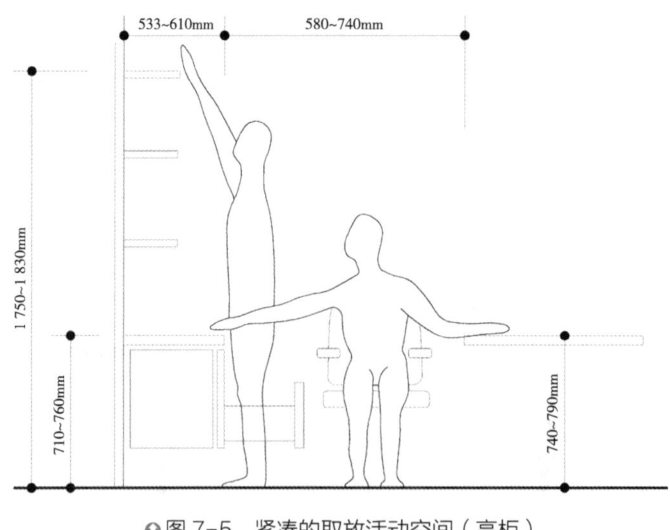

图 7-5　紧凑的取放活动空间（高柜）　　单位：cm

二、常用办公家具尺寸

（一）办公桌

办公桌是日常办公常配的家具。从材料组成看，主要分为：钢制办公桌、木制办公桌、金属办公桌、钢木结合办公桌等；从使用类型看，主要分为：办公桌、主管台、职员台、会议台、大班台等；从使用场合看，主要有办公室、开敞式的职员办公室、会议室、阅览室、图书资料室、培训教室、教研室、实验室、职工宿舍等。

不同使用功能、使用方式及使用对象的办公桌，其尺寸存在一定差异。

普通长方形办公桌：长 1 200～1 800mm；宽 500～800mm；高 700～800mm。

大班台办公桌（见图 7-6）：长 1 400～2 000mm；宽 800～900mm；高 700～800mm。

带隔断屏风的办公桌（见图 7-7）：长方形：长 1 200～1 500mm；宽 600～750mm；高 1 000～1 500mm；桌面高 700～800mm。

L 型办公桌：长 1 200～1 500mm；宽 450～750mm；高 1 000～1 500mm；桌面高 700～800mm。

办公室平面布置是否合理与办公家具的布置有直接关系，因此设计师需要掌握一些办公桌的常见组合形式（见图 7-8 至图 7-11）。

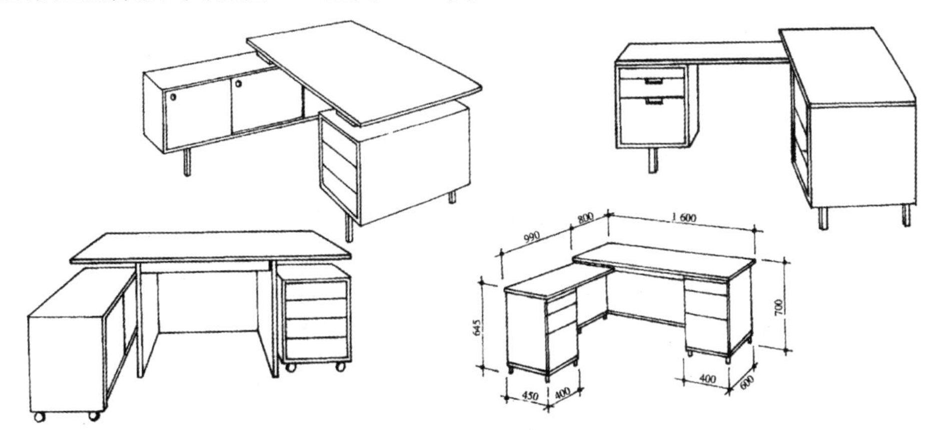

图 7-6　大班台办公桌　　单位：mm

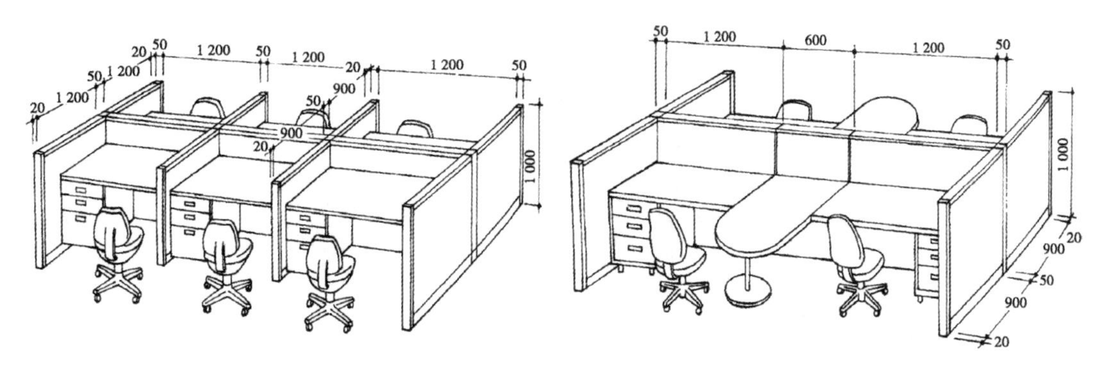

图 7-7　带隔断屏风的办公桌　　单位：mm

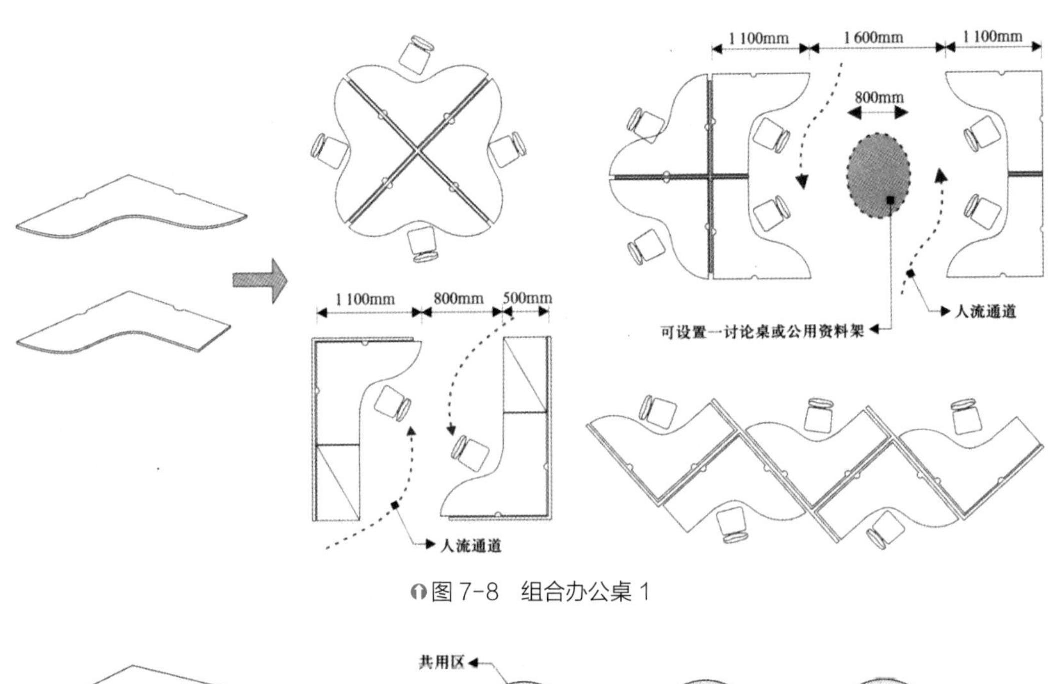

图 7-8　组合办公桌 1

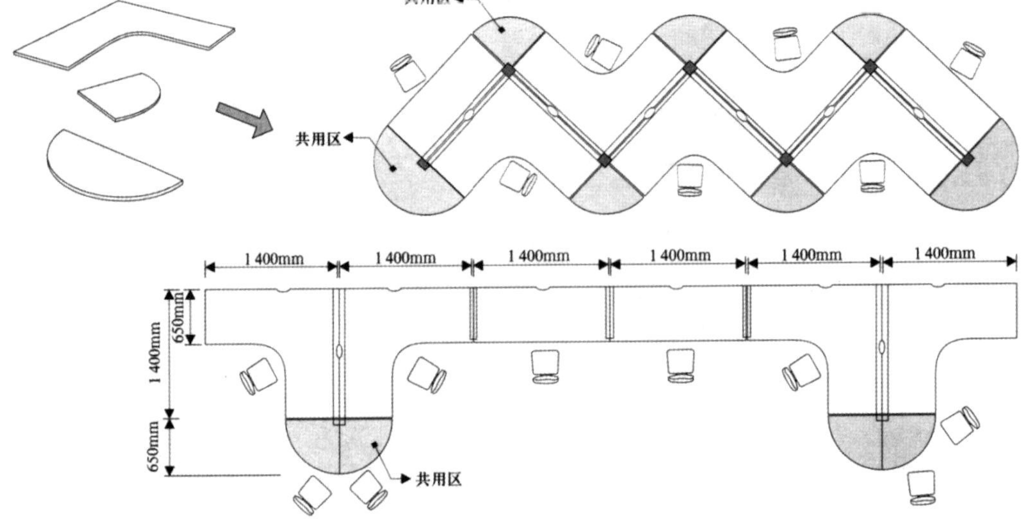

图 7-9　组合办公桌 2

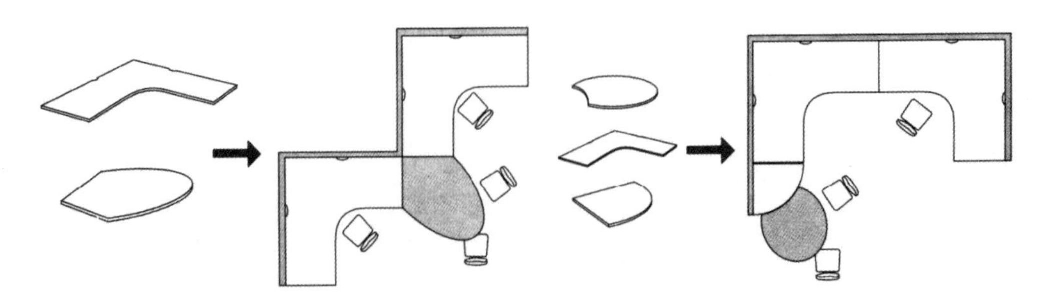

图 7-10　组合办公桌 3

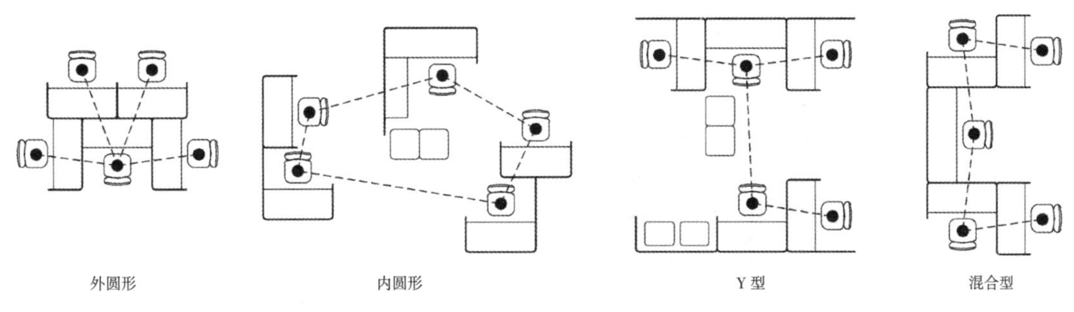

图 7-11　办公桌的组合关系

（二）办公椅

办公椅是指人在坐姿状态下进行桌面工作时所坐的靠背椅。从材料组成看，可以分为：真皮办公椅、PU 皮办公椅、布面办公椅、网布办公椅、塑料办公椅等。从使用类型看，可以分为：老板椅、工作椅、职员椅、主管椅、会议椅、会客椅、人体工学椅等。从使用场合看，主要有办公室、开敞式的职员办公室、会议室、阅览室、图书资料室、培训室、实验室等。

一把舒适的办公椅，其座位的深度及宽度尺寸须正确，并具有支撑身体、消除疲劳紧张感的靠背。配合人体腰部尺寸的曲线设计要防止腰部脊椎骨变拱形，起到保护腰部脊椎骨的作用。椅子必须配合身体移动，不可限制使用者只有一种坐姿。

办公椅尺寸参数：坐深 400～450mm；靠背宽度 400～570mm；椅高 800～1 300mm；椅面高 410～570mm（见图 7-12、图 7-13）。

图 7-12　带转轮升降办公椅

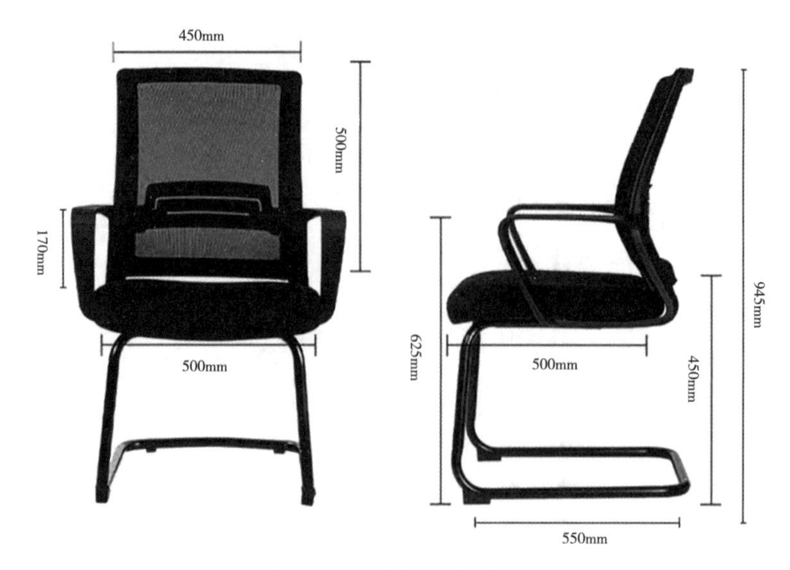

图 7-13　简约时尚办公椅

（三）会议桌

会议桌是常见的现代办公家具，会议桌按结构可分为钢架结构、板式结构。会议桌按形状分为矩形样式、椭圆形样式、马肚形样式、圆形样式及其他异形样式（见图 7-14）。会议桌按材料组成类形，可分为：钢制会议桌、实木会议桌、人工板会议桌，密度板会议桌、钢木结合会议桌等。

根据会议室的大小及使用人数对会议桌的尺寸进行确定。会议室面积较大，可以选择定做尺寸较大的会议桌，既充分利用了空间也可以凸显公司的形象。如果会议室较小，那么可以适当选择尺寸较小的会议桌，当然要合理利用会议室的空间，尽量将会议桌放置在会议室的正中间，更具装饰性，更能凸显重要性。

4～8 人长方形会议桌：长 1 200～1 800mm；宽 400～1 000mm；高 700～800mm；

4～8 人园形会议桌：直径 500～1 200mm；高 700～800mm；

10 人左右会议桌：长 1 800～2 800mm；宽 900～1 200mm，高 700～800mm；

20 人左右会议桌：长 3 600～6 000mm；宽 1 600～2 400mm；高 700～800mm。

（四）书柜、书架

书柜、书架是办公空间中的主要家具，专门用来存放或收纳书籍、报纸、杂志等物品，常用材质有金属、实木、人工板等。

书柜、书架的尺寸没有统一的标准。其尺寸不仅包括了宽度尺寸和高度尺寸这些外部尺寸，还包括书柜、书架的深度、隔板高度（书架层与层之间的高度）、抽屉的高度等各个局部尺寸。所以在定制或购买书柜、书架时要全方位考虑各个尺寸的大小。

常用的活动书柜、书架外部尺寸：

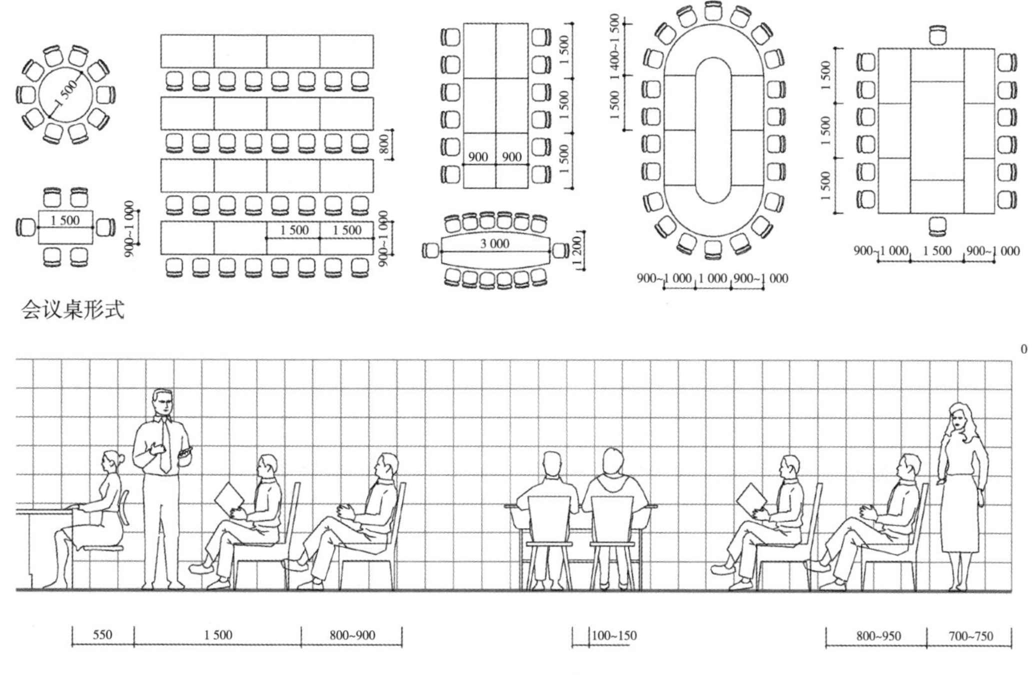

图 7-14 会议桌的形式

书柜：高 1 200～2 200mm；宽 800～1 500mm；深 300～500mm（外部）。

书架：高 1 200～2 200mm；宽 600～1 300mm；深 300～450mm（外部）。

书柜门的宽度尺寸在 500～650mm 之间，一些特殊的转角书柜和大型书柜门尺寸宽度可以达到 1 000mm 以上。整体书柜作为定制类产品家具，书柜宽度尺寸可以根据消费者实际需求来定制。

隔板高度尺寸同样是根据书籍的规格来设计。例如：以 16 开书籍的尺寸标准设计书柜隔板高度尺寸，层板高度尺寸则在 280～300mm 之间；以 32 开书籍为标准设计的隔板高度尺寸，层板高度则在 240～260mm 之间。一些不常用的比较大规格的书籍的尺寸通常在 300～400mm 以上，可设置层板高度在 320～420mm 之间。

书柜抽屉的高度尺寸通常在 200～350mm 之间。而在定制书柜的时候，不能忽视的还有书柜格位之间的宽度尺寸。正常的两门书柜，格位的极限宽度尺寸不能超过 800mm，四门或者是更宽的书柜，格位宽度尺寸一般在 1200mm。如果书柜格位宽度尺寸设计不合理，会造成书柜的不稳定，容易在使用过程中产生问题。

(五) 沙发

沙发是一种装有软垫的多座位椅子，装有弹簧或厚泡沫塑料等靠背椅，两边有扶手，是软装家具的一种。沙发主要按座面弹性材料、包覆面料和使用功能进行分类。在办公空间中，沙发常用于接待、休憩空间。沙发的尺度主要由长度、深度、高度和背面高组成。

一人式：长度 600～800mm；深度 600～900mm；高度 350～400mm；背面高 1 000mm；

双人式：长度 1 260～1 500mm；深度 600～900mm；高度 350～400mm；背面高 1 000mm；

三人式：长度 1 750～1 960mm；深度 600～900mm；高度 350～400mm；背面高 1 000mm；
四人式：长度 2 320～2 520mm；深度 600～900mm；高度 350～400mm；背面高 1 000mm。

（六）茶几

茶几一般都是放在沙发附近，主要起到放置茶杯、泡茶用具、烟灰缸、花等物品的作用。茶几常见形状为方形与圆形。

长方形——小型：长度 600～750mm，宽度 450～600mm，高度 380～500mm；
长方形——中型：长度 1 200～1 350mm，宽度 380～500mm 或者 600～750mm，高度 380～500mm；
长方形——大型：长度 1 500～1 800mm，宽度 600～800mm，高度 330～420mm；
圆形：直径一般为 750mm、900mm、1 050mm、1 200mm；高度 330～420mm；
正方形：宽度一般为 900mm、1 050mm、1 200mm、1 350mm、1 500mm；高度 330～420mm。

（七）餐桌

餐桌是指专供吃饭用的桌子，在办公空间中主要在休憩空间及餐厅中设置。按材质可分为实木餐桌、钢木餐桌、大理石餐桌、玉石餐桌、云石餐桌等。餐桌的高度相对固定，餐桌的面积根据使用人数不同，差异较大。

圆桌直径：2 人桌 500mm，3 人桌 800mm，4 人桌 900mm，8 人桌 1 300mm，10 人桌 1 500mm，12 人桌 1 800mm；餐桌高：750～790mm；餐桌转盘直径 700～800mm；

方餐桌：2 人桌 700mm × 850mm，4 人桌 1 350mm × 850mm，8 人桌 2 250mm × 850mm；餐桌高：750～790mm。

三、家具与空间组合尺寸

（一）相邻工作单元的间距（见图 7-15）

这里的工作单元主要是指普通员工工作位，一般存在三种情况：左右并排；前后两排；背靠背或面对面两排。工作单元间距需考虑工作位宽度、办公椅尺寸、活动空间及交通空间。

背靠背的两个工作单元之间间距最少不能小于 1 400mm，舒适的间距是 1 800mm。
前后排工作单元中间不需设过道时，前后桌间的距离宜为 750～900mm。
左右并排工作单元的间距，考虑人在办公时的活动范围，一般不宜小于 750mm。

（二）工作单元与行走所需的空间（见图 7-16）

一人坐或两人排坐两边有过道，桌子与桌子之间的距离可为 700～900mm；主过道大于或等于 1 200mm 为宜。

在开敞办公空间中，工位数量较多，单排人数超过 2 人时，前后两排之间需设置行走的交通空间，过道的宽度可为 800～1 100mm。

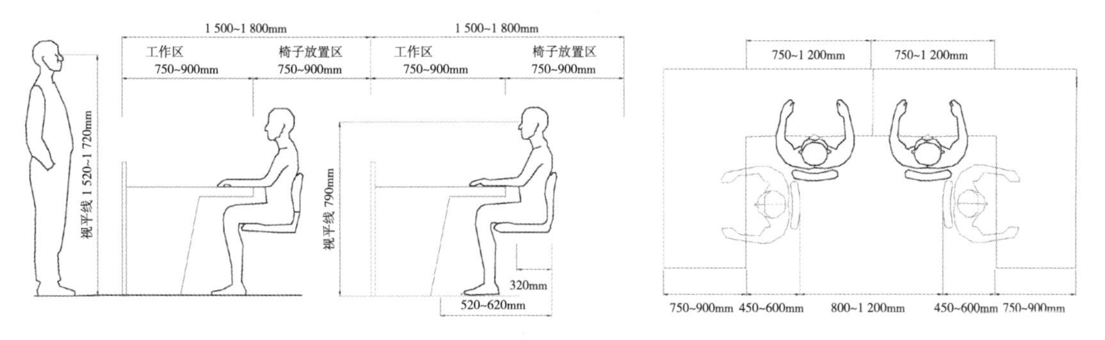

图 7-15　相邻工作单元的间距

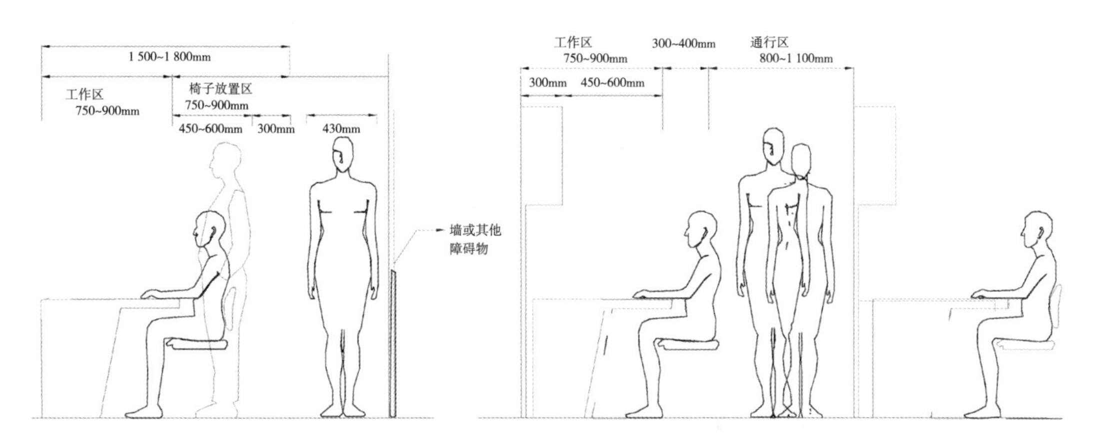

图 7-16　工作单元与行走所需空间

（三）接待来访者的工作单元（见图 7-17、图 7-18）

在办公活动中，部分员工及管理人员需频繁接待来访客户，因此会在其工位处设置接待访客的座位。这些访客的座位一般位于办公桌另一侧，访客座位的活动空间可为 760～1 100mm。

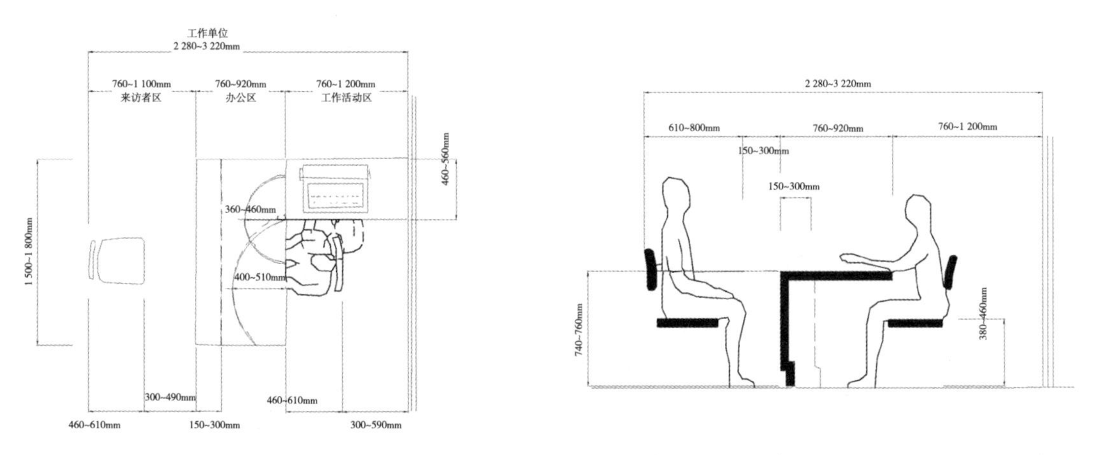

图 7-17　接待访客的办公单元（L 型办公桌）

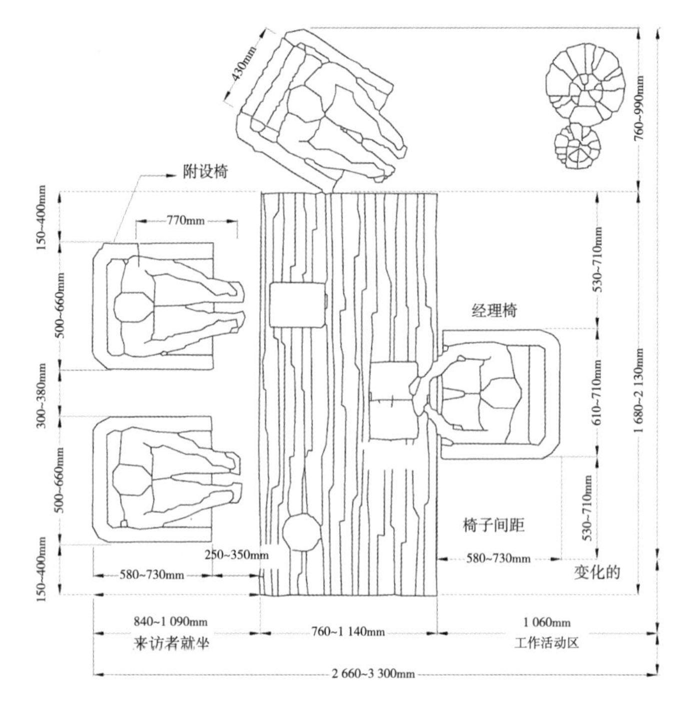

图 7-18　接待访客的办公单元（矩形办公桌）

（四）小型洽谈空间（见图 7-19）

在办公活动中，常常需要使用独立的小型接待空间或讨论空间，这些空间一般容纳3～6 人为宜。其空间的尺度需考虑小会议桌尺寸、座椅尺寸、活动空间范围。小型会议桌的直径或边长不宜小于 1 000mm，就座后的活动空间为 560～710mm。

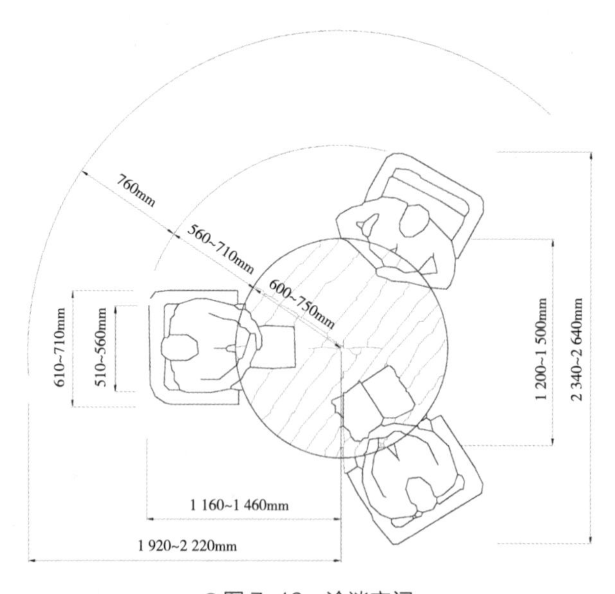

图 7-19　洽谈空间

(五)家具与办公空间的尺度关系

当办公空间的长、宽、高已经固定时，我们需要考虑家具在这个空间中的摆放位置，这是一个需综合思考的问题，需要考虑办公工作的开展、员工行走的交通、物品存储的家具，以及不同工作团队间的分隔与联系。

家具与空间布局尺度的关系关乎员工的体验是否舒适。当人在空间中通行的时候，家具的布置要满足单人通行、双人通行或者一人站、一人坐的体验；当人坐下来工作时，要满足在桌面上办公、取放物品、查阅资料的舒适度要求等。设计师需要熟悉常用的一些最小的尺度、最适宜的尺度、最大的尺度，以便灵活布置办公空间。设计师做方案时，将布局的极限尺度与家具的尺度结合分析，便能够有效避免家具尺度与空间布局的冲突。把握家具尺度有三个核心要点，分别是尺度、空间体感与功能、比例。其中，人的静态尺度和动态尺度是确定家具尺度以及家具与布局尺度的根本（见图 7-20、图 7-21、图 7-22）。

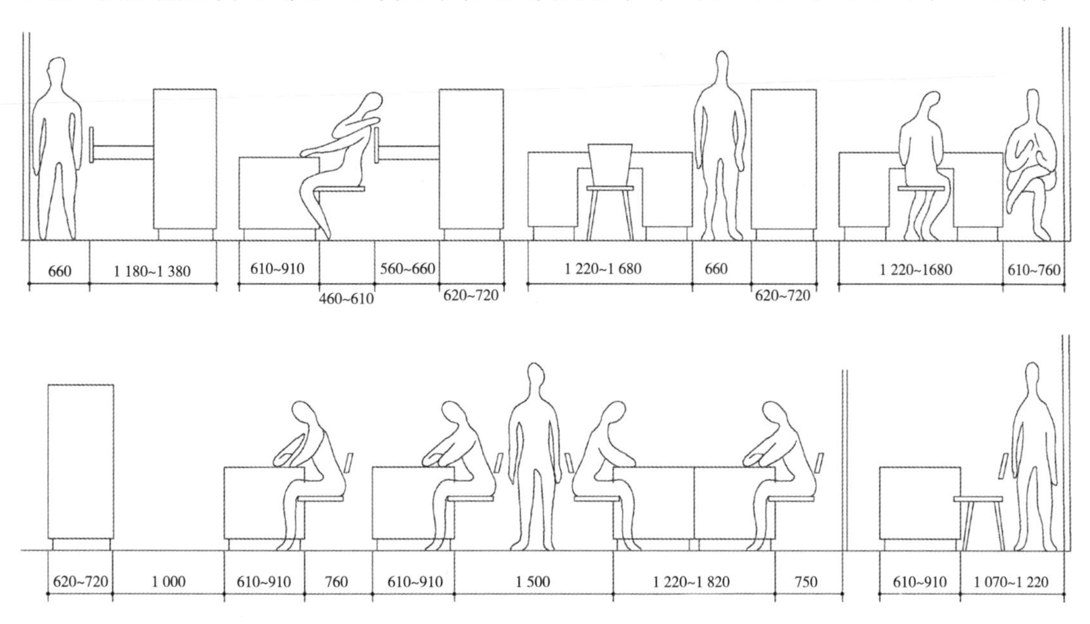

图 7-20　家具与办公空间的尺度关系 1　　单位：mm

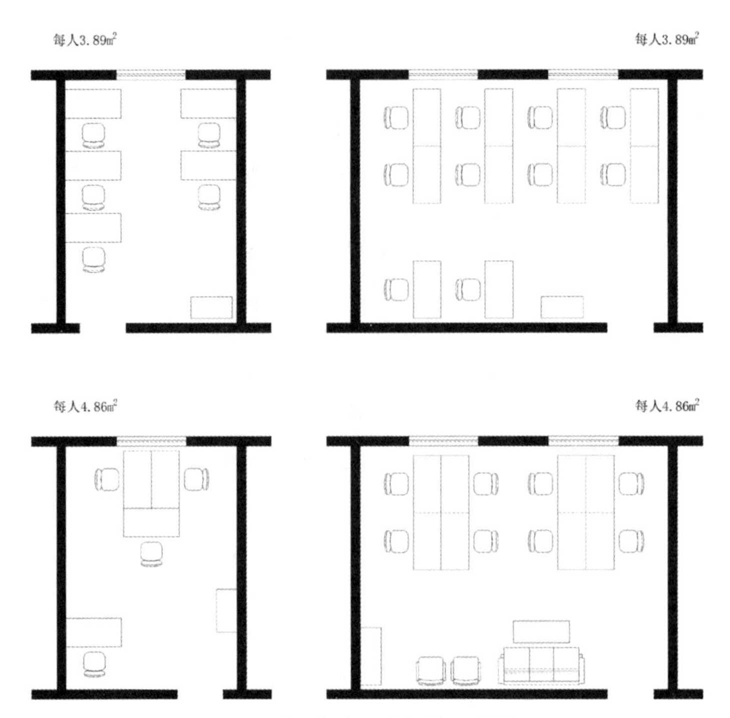

图 7-21　家具与办公空间的尺度关系 2

注：每人使用的面积系按开间、进深的轴线计算。

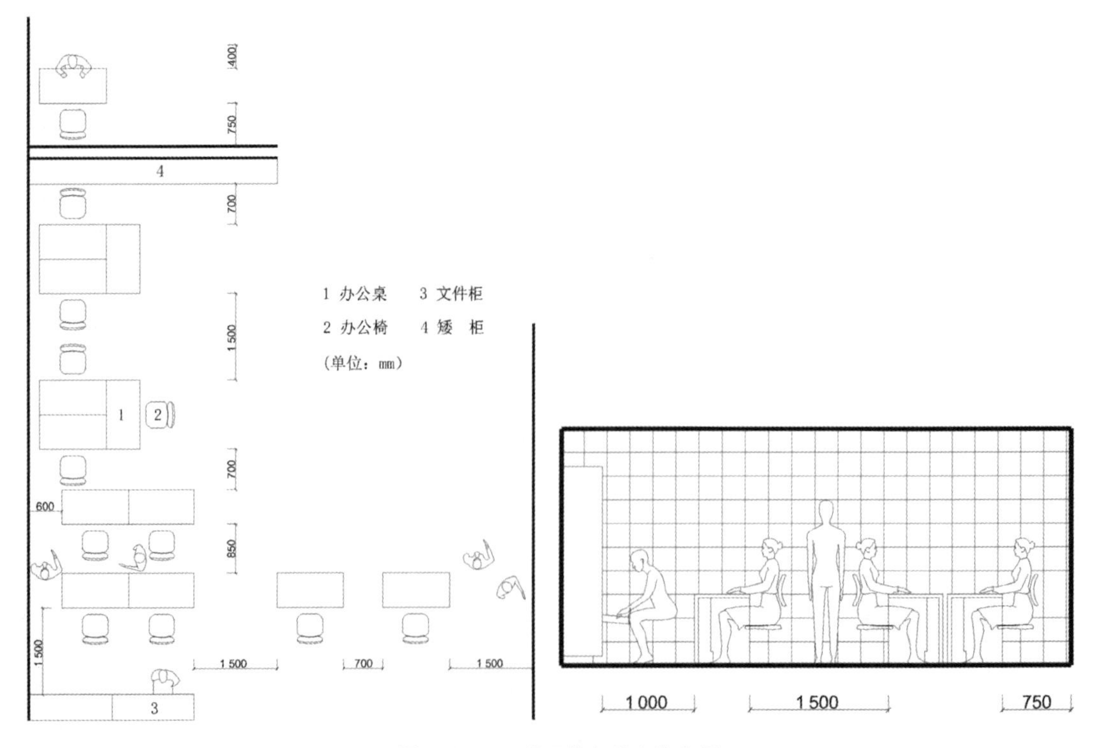

图 7-22　一般开放办公室的布置

第八章

办公空间的发展趋势

第一节　办公方式的变化

在农耕时代，居住与办公大部分时候是在同一区域发生，往往前堂是讨论公务的开放会议区，书房是处理事务的独立办公区，而后院则是生活起居的场所。随着工业化的发展及经济的活跃，人们的办公场所开始集中，现代办公随之出现，钢筋混凝土材料使办公空间的划分更加功能化，电灯的出现又使办公空间不再依赖于自然采光，电脑的发明使人们摆脱了纸张的约束，空调则提升了办公的舒适性。因此，可以说办公方式的变化是随着社会的发展、经济的发展、科技的发展在不断变化。

一、办公动态化

办公动态化意味着在办公室内工作将不再是办公的常态。随着办公业务的全球化、办公平台的网络化，办公的方式打破了时间和空间的限制。

首先，办公业务是全球化的，随着交通越来越便利，高铁、飞机使城市与城市间的距离缩短。很多业务不是在办公室处理的，上班并不是意味着必须抵达办公室，工作中差旅活动越来越频繁，很多时候需要在差旅途中处理办公业务，人们的工作很多时候是在某个会议中心、茶室甚至旅途中完成。

其次，随着通信技术与电脑技术的发展，有一些工作不需要进入办公室就能在家中或能接上网络的任意空间内完成。近几年，在线移动办公需求显著提升。中国在线办公受益于互联网基础设施的快速发展。目前，很多办公业务的发生与是否在办公室没有必然联系。移动办公不再局限于在办公室完成，虚拟的移动办公平台可以提供办公所需的所有数字需求，从演示文稿智能助手、会议虚拟系统到电子签章系统。因此，只要有办公软件、有网络、有终端设备，我们几乎能在任何地方办公。

二、办公居家化

工作是生活的一部分，人们向往居家办公，这是因为家给人温馨、舒适、自由的感受。在科技发达的今天，网络可以实现全球范围的即时沟通，人们具备了在家办公的条件。

办公居家化包含两种状态：①在办公室内营造轻松的办公氛围，更能激发员工的创意思维，同时可以使员工对公司更有认同感；②真正的足不出户，在家办公。

目前，作为工作主流群体的 80 后、90 后，他们渴望更新鲜、更好玩、更人性化的工作环境。传统办公追求高能、高效；现代办公中一些智力创作型的公司打破严肃机械的高效办公氛围，营造轻松惬意的办公环境，希望以此激发员工的创作灵感。人们发现温馨、轻松的办公环境同样能增加企业的凝聚力，激发员工的工作激情。现代办公环境也越来越人性化和多元化，企业更加注重个人的健康和成长，开放区、娱乐区、休息区所占的比例也越来越大。卡座、床位、健身房、电话亭等越来越多功能区的出现，逐步取消了传统办公室千篇一律的工位区设计风格。人们可以决定工作时间，想连续工作还是去健身房锻炼一下都由自己做主；也可以自由选择工作环境，是在安静的环境下专心致志还是在开放的环境下边工作边聊，灵活性非常强。

近年，部分员工已经采用远程办公的方式。每周有一部分时间在办公室以外的场所工作的员工，其在办公空间满意度、工作承诺、敬业度以及创新指标等方面的评分往往更高。采取“线上线下混合办公模式”的员工，或者在办公室办公与在家办公之间保持平衡的员工，对如何利用时间显得更加谨慎，对同事在从事何种工作有更好的了解，总体上工作满意度也更高。

居家办公的优点是环境让人放松，可以节省通勤时间和成本，员工有更充裕的时间和更多的自由来安排一天的工作；但缺点也随之出现，脱离了集体的办公环境之后，工作任务更多了，工作效率却变低了。在没有足够自制力的情况下，在“家”这个环境里，我们习惯性地处于放松的状态，缺乏监督，容易引发个人的拖延症和倦怠；无法直接与同事交流也会导致工作协调的难度提升；家里影响因素太多，容易降低办公积极性。因此，居家办公时，反而需要通过营造办公氛围提升办公积极性，例如：①在家设立独立的工作区域，配置办公家具与用具，提升办公空间的仪式感；②做好时间管理，将任务碎片化处理，并保证与同事线上及时沟通，确保工作阶段性的稳步进行；③在家办公的时候也要维持一定的生活规律，准时起床、洗漱、吃早餐等，养成规律的生活习惯，工作和生活往往是相辅相成的，居家办公要能维持两者的平衡，才能实现办公的高效。

三、办公自动化

（一）办公自动化的概念

办公自动化是以计算机为中心，采用现代化的办公设备和先进的通信技术，广泛、全面、迅速地收集、整理、加工、存储和使用信息，使企业内部人员方便快捷地共享信息，高效地协同工作，改变过去复杂、低效的手工办公方式，为科学管理和决策服务，从而达到提高行政效率的目的。

（二）办公自动化的特性

办公自动化强调办公的便捷方便、效率提升，它具备几大特性：易用性、稳定性、开放性、严密性、实用性。

1. 易用性

自动化的目的是为了提高工作效率，让员工通过简单培训，即可运用办公自动化设备。自动化系统应该适合企业核心需要，满足主要功能，并方便员工掌握使用，注重用户体验，使系统各项功能易见、易学、易用、易维护、易管理。

2. 稳定性

设备使用的稳定性、办公流程的稳定性、网络通信的稳定性是办公自动化业务开展的保障，数字化办公一旦出问题，哪怕是小问题，都可能影响现实业务的开展，从而造成不可估量的损失。一般的人为和外部的异常事件不应该引起系统的崩溃；当系统出现问题后能在较短的时间内恢复，而且系统的数据是完整的，不会引起数据的不一致。

3. 开放性

办公自动化平台的开放性体现在能兼容更多的其他设备与系统。预留大量对外接口，为整合其他设备与系统提供充分的技术保障。同时，现实的整合经验也必不可少，因为整合兼容不光涉及技术层面，还包括对管理办公业务的理解、整合业务的技巧、整合项目的把控等办公业务操作技能要求。在当前和未来，办公自动化系统需要轻松与各种作业系统、中间件、资料库、业务系统及工具软体进行平滑对接。

4. 严密性

办公自动化必须同时实现信息数据上的大集中与小独立的和谐统一，一方面必须有统一的办公信息平台；另一方面，又必须给各个子部门相对独立的办公信息空间。与此同时，既要保持数据的开放性，又要保证私密数据的独立严密性，通过设立各级权限实现数据的共享与保密。

5. 实用性

办公自动化系统功能必须与实际办公业务紧密结合，必须能适应企业发展的要求。现实中，企业一方面需要系统尽最大可能满足现有需求；另一方面，企业本身也是个不断发展的过程，所以，企业又需要系统能够满足发展的需求。

第二节　办公空间的发展趋势

办公方式在改变，人们对于自身办公环境的感受在强化，对办公空间的需求也在提升，如便捷（智能设施）、社交、多元（共享空间）、新奇（灵活空间）、绿色（低能耗、可再生、无污染）、健康（室内环境与生命设施）等正成为办公空间发展的主流。以人为中心、应需而动的办公模式正逐步深入社会各个层面。通过对国内外前沿资料和案例的剖析，未来办公空间的发展呈现三种趋势：即自动化智慧办公、混合型共享办公、个性化绿色办公。自动化智慧办公主要包括办公空间管理系统的智能化、办公系统的智能化等；混合型共享办公是共享办公空间发展以及公寓式办公发展的趋势；个性化绿色办公是指在办公空间中关注绿色建筑设计技术、新节能技术与新能源、室内植栽技术、室内健康环境监控技术等。

一、自动化智慧办公

自动化智慧办公包括物联设施、智慧空间、数据分析与呈现、云办公等多种概念系统。智能停车、智能前台、智能会议室、智能工位、人机交互的室内环境调节等都将被普及且不断升级。办公自动化系统作为办公空间的大脑，把资源和人连接在一起，拓宽了员工之间协作的渠道，让连接关系彻底摆脱空间限制，给工作人员带来了更好的工作体验。采用交互控制的建筑能耗可下降 30% 左右，空间使用率增加 50% 左右。绝大多数公司 10 人以上会议室使用率不超过 20%，因此引入智慧工具时，必须同时考量其如何提升使用效率，这样才更具实际意义和价值，如让工作人员线上快捷地约到会议室，是一项很基础的智能化服务，而打造怎样的会议室能被全时段充分利用，则是一个“科技 + 空间 + 服务”的综合性问题，是更深刻的行业发展诉求。办公自动化设施能保证员工基础办公体验的舒适，但不一定能保证员工真正投入到了自己的工作中。在提升办公效率的过程中，关键的环节是办公场景的研究与设置。先有各种类型的办公协作行为，后才是工具的选择和利用。办公自动化不是广泛运用科技产品，而是一种全新的工作协同方式：以在线工作协同为主线、以管理为核心，以任务为目的，让团队的执行力、创造力得以全面升级。

自动化智慧办公体现在：①办公空间的自感应系统使工作环境更加舒适；②办公空间管理系统使办公空间使用效率更高；③办公业务系统使工作更便捷。自动化办公室通过科技的力量提升办公空间的硬件与软件环境，其着重的是“效率”。

二、混合型共享办公

混合型工作模式是指居住空间与办公空间相融合，它反映了现代人对办公环境舒适度的追求，同时也体现了人们渴望将线上居家办公的便捷性与线下现场办公的实效性相结合。共享办公则是对办公空间资源及办公配套服务资源共享的办公模式，共享办公的空间模式更能实现混合型的工作模式。

共享办公这一形式最初被认为是自由职业者和初创者的一个时尚且低成本的联合办公形式：他们并不是面对面在一起工作，但可以通过共享的工作环境实现相互协作。他们还组建成社区形式，实现社交互动与行业合作。现在，越来越多的公司在其组织内部构建协同工作空间：在这里，员工与外部自由职业者一起工作；成立临时项目团队，并设立可以快速召开非正式会议的休息区。这种鼓励合作、自由交换思想的环境激发了人们的工作热情！

在设计方面，混合型共享办公非常注重公共区域的空间设计，公共空间被给予了很多创作自由：可以是轻松休闲的工业风，有居家客厅般的场景，有休闲区或开放空间，也有创意景观或可以看见城市风景。例如：

（1）在接待区和公共休息区采用舒适的沙发等软体家具，营造家一般的亲和氛围（见图 8-1）。

图 8-1　办公空间内的接待区（学生作品）

（2）混合型共享办公提供多种形式的会议室，满足商务接待、头脑风暴等不同的会议需求。在智能化的会议空间能提供远程会议的设备需求，而在非传统的会议空间中，人们更休闲惬意，更能激发灵感和思维的碰撞（见图 8-2）。

图 8-2　非传统的会议讨论空间（晨光文具上海总部会议室，MAG studio 设计）

（3）厨房 / 茶水区，软体家具的自由组合让交流可以随时随地发生，使交往更轻松惬意（见图 8-3）。

图 8-3　开敞的茶水休憩空间（融信地产上海总部办公室门厅，G.ART 集艾设计）

由于科技技术和管理理念的推动，办公模式逐步摆脱空间束缚和管理制约，混合型共享办公更能使员工高效完成工作并与团队步调保持一致。混合型共享办公模式不仅可以提供更舒适的办公环境，而且运营方式也在不断更新完善。

（一）多业态运营

混合型共享办公应该为员工及其工作团队提供固定及不固定的工作场所，办公人员需要多元、专业的配套服务。目前，那些不知道如何准确界定其功能和服务的空间正得到办公人员追捧：咖啡厅式的工作室、酒廊式的讨论区、书吧式的个人专注区、是品牌馆同时也是线上销售的洽谈室、具有路演功能的空中花园、设有数百米漫步道的健身休闲区、设有儿童托管的休息区，等等。

（二）精细化物管

混合型共享办公与企业生存发展相联系，可以衔接企业经营的日常需求，如会客、物流、展示、设施管理、生活配套等，尽管琐碎但是需求强烈且市场巨大。它可以更高效地与市场结合，将部分非常态的办公配套服务交给第三方专业服务供应商负责，让他们提供外包服务，例如：行政人事、品牌推广、基础财务、会议洽谈、培训拓展、员工食堂、通勤班车等。围绕共享办公的精细化物管集合各类商务配套服务，成为提供综合服务的线下平台，向整栋楼提供办公配套服务。混合型共享办公为办公人员提供精细化物管的同时，又经过市场协调降低了办公成本，稳定了配套服务的品质。

(三) 产业聚集

共享办公对入驻办公企业的业态有一定的方向引导性，马太效应加上政策导向的影响，产业聚集的趋势更为明显。当办公空间定位为科技产业时，则应考虑科技人群的行为特点和消费倾向，如引入科技体验感更强的办公配套和生活配套服务；当定位为金融产业时，则会相应增加沟通、社交、路演功能区。产业发展需要智力、资本与资源这三个要素，当产业集聚时，这些要素会进一步聚集。

总的来说，混合型共享办公的核心理念是“舒适与协作”。

三、个性化绿色办公

办公室内环境的质量关乎着员工身体与心理的健康、工作效率和满意度的调控、创造力与活力的激发。越来越多的企业也意识到，人才才是企业竞争力的体现。而人的健康、工作激情与企业绩效息息相关，员工生理与心理不健康或为亚健康状态会为企业带来巨大损失，所以未来办公空间的设计将更注重营造个性化、绿色生态的办公环境。

(一) 个性化

未来的办公空间将更多地融入自然、融入艺术文化、融入生活，满足用户的个性化需求。

个性化之一是：自由办公。人们总是希望可以自由地决定工作时间，也可以自由选择工作环境，是在安静的环境下专心致志还是在开放的环境下头脑风暴。人们可以在窗边享受阳光，可以在独立工作间深度思考，可以在小型洽谈室头脑风暴，也可以走进其他个性空间完成工作。未来办公旨在打造一个赋能的场景，而非简单的工作场所。优美的办公环境、和谐的人际关系、奋进的工作氛围则会让那些有幸在工作中找到自身价值的人感受到办公空间远比在城市其他角落更为舒心而高效。

个性化之二是：隐私需求。未来办公模式可以让员工在开放区自如展现自我，同时又能在隐私区域隐匿身影，实现了高效沟通与个人空间的完美切换。独立空间如同图书馆里的安静区域，能更好地支持事先安排好的、时间较长的私密需求，并提供一系列不同的环境配置；它可散落在整个办公区域里，员工可借助“逃离空间”快速地在合作模式和专注模式之间切换。大部分开放的办公空间与更高的绩效和更丰富的体验有关，而噪声、隐私性和专注能力等仍然是办公空间效率的关键决定因素。声音的隐私、视线的隐私、信息的隐私仍是人们在办公时的需求。“独立 + 开放 + 公共”的综合办公空间模式能提供更好的办公体验。

(二) 绿色生态

目前，人们对办公环境的健康意识在不断增强，大部分员工对健康办公空间的期望尚未得到满足，对绿色健康办公空间的需求正越来越迫切，人们更加关注家具的材质、墙地面的材质、空调通风系统，甚至办公室绿化和软装配置情况。

在办公空间设计时，应选用天然材质如实木、混凝土、钢材、绿植、回收木、环保材料，避免过度装饰，并最大限度地利用自然采光和智能化设计，尽可能减少对环境的影响（见图 8-4、图 8-5）。

图 8-4　采用天然材质的办公空间 1（领英上海办公室，穆氏建筑设计）

图 8-5　采用天然材质的办公空间 2（太古地产中国办公室，Robarts Spaces/ 一工公司设计）

在办公室摆放绿色植物可以美化空间，带来盎然生机，且植物的作用远不止表面上看到的这些，它们可以帮助人们减轻压力、舒缓情绪，也可以起到清洁空气、降低噪音污染水平的作用。随着人们对心理健康和幸福度关注的不断增强，“亲生物”设计趋势将会得到快速增长，并成为每个工作场所的必备要素。

在办公空间设计时，绿色植物的点缀可以为环境注入生机，同时，各类自然元素的巧妙融入、取材自然的材料设计、最大化地引入自然采光，使得工作区不仅明亮舒适，更充满了无限的活力与生机（见图 8-6 至图 8-9）。

图 8-6　充满植物的开放办公区（宁波雪域凌云联合办公空间，玉米设计）

图 8-7　巧妙设计的公共区绿植 1（西安惠尔集团总部办公室，行维新筑设计）

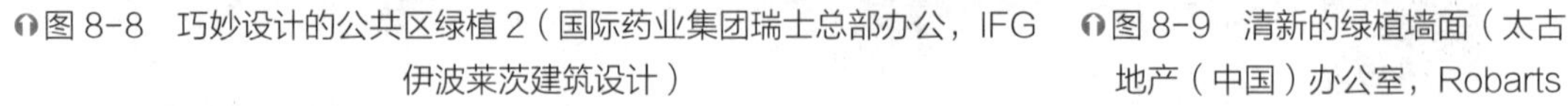

图 8-8　巧妙设计的公共区绿植 2（国际药业集团瑞士总部办公，IFG 伊波莱茨建筑设计）

图 8-9　清新的绿植墙面（太古地产（中国）办公室，Robarts Spaces/ 一工公司设计）

无论是个性化的需求还是绿色生态的需求，都体现了对办公人员心理与生理的关怀，未来办公空间设计依旧会非常重视“健康”。

附录

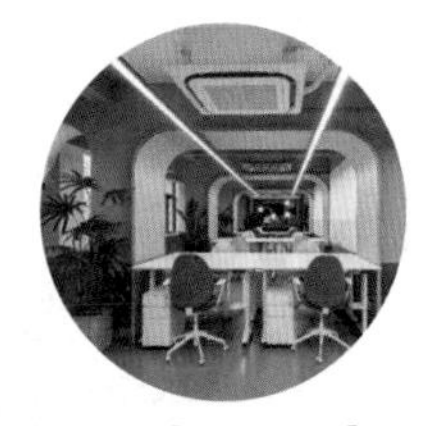

办公空间设计实例

案例一：蓝色畅想——“椰岛游戏”上海总部办公空间设计（案例来源：时尚办公网）
设计：FTA
地址：中国，上海
面积：1 000m^2
时间：2020 年
摄影：吕晓斌
标签：游戏、总部、上海、创意、灵活多元、创意走廊、蓝色

从早年做 iOS 手游意外成功，到随后《决战喵星》被微软选中登陆国行 Xbox One 平台，再到如今以风格迥异的原创游戏为广大玩家所熟知，“椰岛游戏”的每一步似乎都是出乎意料却又在情理之中。它游走在国内独立游戏圈之中，却又没有游离在商业丛林之外，正是因为他们一直笃信内容创新能够为游戏带来最大的价值。

一、探究椰岛的独立气质

在国内游戏业界，“椰岛游戏”以其独树一帜的气质而知名。从入围 2014 年的 App Store 年度精选，凭借苹果和微软双重推荐打响了名气的《决战喵星》，到以暗讽社会“现代病”现象为主线，以十分魔性的艺术表现为依托的《超脱力医院》，再到今年全网热议，凭借独具一格的水墨国风占据手机应用商店游戏免费榜前三的《江南百景图》……椰岛出品的每一款游戏，虽然风格迥异，但都具有浓郁的“椰岛”气质。

“不媚俗、有创新”是“椰岛游戏”的基础调性要求，正如“椰岛游戏”创始人所说：“椰岛不是生产游戏的工厂，而是一个有创意的工作室。”秉持这一创新理念，每个“椰岛”人对于游戏创意都有着极高的追求与热忱。

二、脑洞大开的创意空间

提及独立游戏的办公场景，不少人也许会联想到这样一副画面：杂乱无章的办公室，一个形象邋遢的程序员目光呆滞地盯着苍白的屏幕。相信资深玩家都很好奇《中国式家长》《归家异途》《江南百景图》等爆款游戏是在怎样的环境中诞生的呢？

作为国内最老牌的独立游戏研发商和发行商之一的“椰岛游戏”，随着业务不断扩张，团队对于创意工作环境的需求日益增高，一个更贴合公司发展需求的新总部空间亟须建立。FTA因其对行业的理解以及在创新空间设计上的经验，赢得了“椰岛游戏”新总部的设计项目。

设计团队通过“用户参与式设计”的形式，与“椰岛游戏”团队一起规划未来的办公场景。经过了解，FTA深度洞察到这群善于脑洞游戏、充满活力的年轻设计师们最需要的就是空间灵活性与随意性。办公场景就好像进入游戏世界，员工就像游戏世界的玩家，在创意十足的工作环境中解锁办公新技能，让轻松无压的创意空间带给团队源源不断的创新能量。

因此，设计团队决定为“椰岛游戏”打造一个游戏界最创意灵活的办公空间。

（一）长了脚的办公桌

这就好像身处放置类游戏。长了脚的办公桌（见图附1至图附3）可以随时移动，游戏设计师们根据个人喜好和办公需求随机灵活重组办公区域，实现零距离高效沟通。在这里，新观点和新思路可以尽情表达，设计师们随机迸发的小创意都有可能成为下一个爆款游戏。

图附1　长脚的办公桌1

图附 2　长脚的办公桌 2

图附 3　长脚的办公桌 3

（二）随处可见的移动白板

设计团队极具创意地在走廊两侧设置了多块灵活可移动白板，便于游戏设计师随时记录、交流那转瞬即逝的创意灵感。同时，这样天马行空般的自由设计还创造了多个另类独特的会议室。只要有白板的地方，就是一个小型会议室，完美解决了“椰岛游戏”会议室不够用的痛点（见图附 4、图附 5）。

图附 4　随处可见的会议室白板

图附 5　使用便捷的移动白板

（三）天才创意走廊

除了游戏，办公场景自然也要具备“椰岛游戏”特立独行的气质。设计团队通过创新的设计手法打破了传统的固有思维。在新的办公核心区，策划了一条“创意走廊”。走廊连接着办公空间的各个功能区块，让每个有趣创意的灵魂在此相遇、交流、碰撞。同时巧妙地将游戏元素融入“创意走廊”的设计中，比如顶部的运动吊杆、走廊上的“相框”等，让游戏设计师们轻松释放压力，调节工作状态，激发更多的活力与创意（见图附6）。

图附6　创意走廊——创作

这些精心设计的细节和定制空间让走廊区域呈现出丰富的变化和空间体验（见图附7至图附9），让整个“椰岛游戏”宛如一个创新中心。

图附7　创意走廊——运动

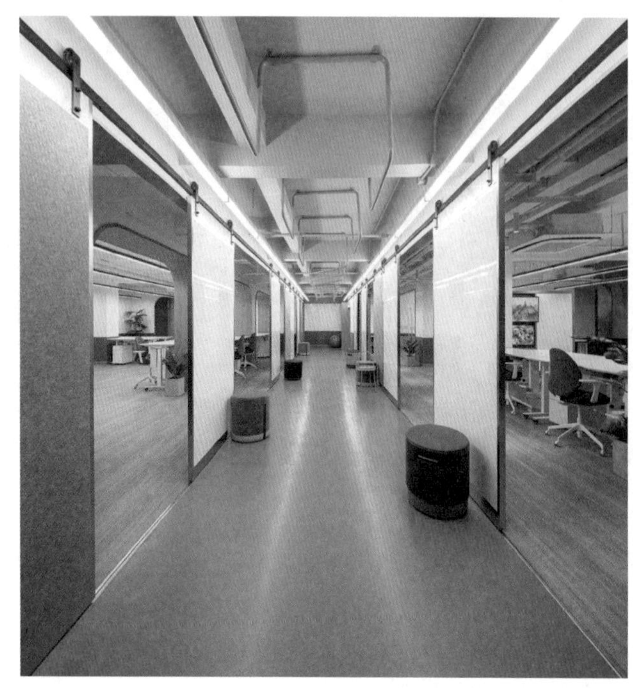

图附 8　创意走廊——运动

图附 9　创意走廊——装饰

时至当下，或许仍有不少人怀揣着梦想投身独立游戏的研发制作，不久之后又黯然离开。但在与“椰岛游戏”创始人韦斯利（Wesley）的沟通以及为“椰岛游戏”设计的过程中，不难看出“椰岛游戏”是一个热爱游戏而且富有个性的团队，其每款产品的成功与“椰岛游戏”对游戏一如既往的执着是分不开的。对于这样视创意为主旨的游戏公司而言，办公环境将直接影响到各位设计师创意灵感的发挥以及工作效率。设计团队希望通过为“椰岛游戏”的设计激发他们更多的创意源泉，展现其团队的活力与创造力。

案例二：科技人文——美国盖茨集团（上海）有限公司上海办公空间设计（案例来源：时尚办公网）

设计：JAXDA

地址：中国，上海

面积：1 200m^2

时间：2016 年

标签：制造业，展厅，科技人文、红黑灰、灵动曲线

美国 Gates 集团是一个具有百年历史的大型跨国公司，总部位于美国丹佛市，为全球提供领先的传动带和液压胶管产品及技术，目前已成为此行业世界最大的制造公司。本案是其新设立于上海的总部办公室，由 JAXDA 团队打造的一个集创新、科技和人文情怀于一体的品牌专属办公空间。

图附 10　入口门厅

结合 Gates 的品牌及产品特征，设计师采用了柔和灵动的曲线元素作为办公及展厅空间的设计概念。

前台及展厅的弧形墙体、墙体上的弧形灯带、天花上的吊灯以及不同颜色地毯拼接产生的曲线元素贯穿整个展厅空间，带来极强的视觉延伸感（见图附 10）。

为了体现 Gates 产品在动力传动带及胶管配件上的领先产品及技术，展厅内以区域划分，配合了 VR 等互动体验装置，以及 Gates 的实体产品，为访客带来富有科技感的体验（见图附 11 至图附 13）。

图附 11　展厅 1

图附 12　展厅 2

图附 13　展厅 3

为了提高空间的功能性和使用效率，大会议室可以在需要的时候由移动隔断分割为两个独立的会议室（见图附 14、图附 15）。

图附 14　会议室 1

图附 15　会议室 2

适合的光线对一个健康的办公场所来说是极其重要的，无论是茶歇、互动交流还是工位区域，JAXDA 的设计团队都将自然光线引入整个办公空间，为在此工作的员工打造更舒适的工作环境（见图附 16）。

图附 16　休憩区

与柔和灵动的曲线元素相结合的，是各种色彩的运用。红、黑、灰作为 Gates 的品牌色调，贯穿于整个办公空间；而橙色、绿色、蓝色等点缀其中，更增添了空间中的能量与活力（见图附 17 至图附 19）。

图附 17　开敞办公区

图附 18　独立办公室

图附 19 小会议室

参考文献

［1］张绮曼，郑曙旸．室内设计资料集［M］．北京：中国建筑工业出版社，1991.

［2］《建筑设计资料集》编委会．建筑设计资料集［M］．3版．北京：中国建筑工业出版社，2017.

［3］郑曙旸．室内设计程序［M］．北京：中国建筑工业出版社，1999.

［4］杨·盖尔．交往与空间［M］．何人可，译．北京：中国建筑工业出版社，2002.

［5］吴硕贤，夏清．室内环境与设备［M］．北京：中国建筑工业出版社，1996.

［6］玛丽露·巴克．办公空间设计［M］．董治年，华亦雄，译．北京：中国青年出版社，2015.

［7］解君．装饰材料与构造［M］．北京：中国青年出版社，2018.

［8］吴剑锋，林海．室内与环境设计实训［M］．上海：东方出版中心，2008.

［9］邹彦，李引．室内设计基本原理［M］．北京：中国水利出版社，2005.

［10］郝大鹏．室内设计方法［M］．重庆：西南师范大学出版社，2002.

［11］马涛．建筑室内设计材料认识与表现［M］．北京：中国建筑工业出版社，2019.

［12］中国建筑装饰协会．建筑装饰装修室内空间照明设计应用标准［M］．北京：中国建筑工业出版社，2021.

［13］文健．室内色彩家具与陈设设计［M］．3版．北京：北京交通大学出版社，2018.

［14］任宇，刘万彬．建筑空间设计思维与表达［M］．北京：中国建筑工业出版社，2023.

［15］田树涛，金玲，孙来忠．人体工程学［M］．2版．北京：北京大学出版社，2018.

［16］董春欣，王煜新，齐晓韵．室内设计基础［M］．增补版．上海：上海人民美术出版社，2022.